计算机系列教材

周元哲 编著

Python 3.x
程序设计基础

清华大学出版社
北京

内 容 简 介

本书以全国计算机等级考试二级 Python 语言程序设计考试大纲为依据,系统地介绍 Python 3.x 程序设计基础知识。全书共 14 章,内容包括 Python 语言概述、基本数据类型、组合数据类型、顺序与选择结构、循环结构、函数与模块、文件与数据组织、面向对象程序设计、使用 tkinter 的 GUI 设计、图形绘制、爬虫与正则表达式、SQLite 数据库、异常处理和 Python 计算生态。附录给出了全国计算机等级考试二级 Python 语言程序设计考试大纲(2018 年版)和上海市计算机等级考试二级 Python 大纲(2016 年版),以及 Python 的内置数据类型、函数和集成开发工具 IDLE。

本书适合作为高等院校相关专业 Python 程序设计课程的教材或教学参考书,也可作为全国计算机等级考试、全国计算机技术与软件专业技术资格(水平)考试的培训教材,还可供计算机应用开发领域的各类技术人员参考。

图书在版编目(CIP)数据

Python 3.x 程序设计基础/周元哲编著. —北京:清华大学出版社,2019(2022.1重印)
(计算机系列教材)
ISBN 978-7-302-52657-5

Ⅰ. ①P… Ⅱ. ①周… Ⅲ. ①软件工具-程序设计-教材 Ⅳ. ①TP311.561

中国版本图书馆 CIP 数据核字(2019)第 047101 号

责任编辑:张　民　战晓雷
封面设计:常雪影
责任校对:白　蕾
责任印制:丛怀宇

出版发行:清华大学出版社
　　　　网　　址:http://www.tup.com.cn,http://www.wqbook.com
　　　　地　　址:北京清华大学学研大厦 A 座　　　　邮　　编:100084
　　　　社 总 机:010-62770175　　　　　　　　　　邮　　购:010-83470235
　　　　投稿与读者服务:010-62776969,c-service@tup.tsinghua.edu.cn
　　　　质量反馈:010-62772015,zhiliang@tup.tsinghua.edu.cn
　　　　课件下载:http://www.tup.com.cn,010-83470236
印 装 者:天津鑫丰华印务有限公司
经　　销:全国新华书店
开　　本:185mm×260mm　　　　印　　张:16.5　　　　字　　数:380 千字
版　　次:2019 年 5 月第 1 版　　　　　　　　　　印　　次:2022 年 1 月第 6 次印刷
定　　价:45.00 元

产品编号:081992-01

前　言

　　Python 已经成为继 Java、C++ 之后的第三大编程语言,作为一种面向对象的解释型计算机程序设计语言,它具有简单易学、免费开源、有丰富和强大的库等特点。本书以全国计算机等级考试二级 Python 语言程序设计考试大纲为依据,系统地介绍 Python 程序设计基础知识。全书共 14 章,内容包括 Python 语言概述、基本数据类型、组合数据类型、顺序与选择结构、循环结构、函数与模块、文件与数据组织、面向对象程序设计、使用 tkinter 的 GUI 设计、图形绘制、爬虫与正则表达式、SQLite 数据库、异常处理和 Python 计算生态。附录给出了全国计算机等级考试二级 Python 语言程序设计考试大纲(2018 年版)和上海市计算机等级考试二级 Python 大纲(2016 年版),以及 Python 的内置数据类型、函数和集成开发工具 IDLE。

　　学习 Python,最重要的是学习其编程思想,Python 2 和 Python 3 只存在少量的语法差异,它们的编程思想基本相同。本书的作者多年从事计算机编程语言的教学,编写了 C 语言、VB 6.0、VB. NET、Python 和程序基本算法等相关教材,一直致力于培养学生掌握编程思想及方法,以提高学生的编程应用开发能力。学习编程语言必须进行实践。希望读者注重读代码和写代码的异同点,注重编写代码能力的提高。本书的所有程序都在 Anaconda 中进行了调试和运行。

　　ACM-ICPC 亚洲区第一训练委员会主任吴永辉、清华大学出版社张民、西安邮电大学刘有耀、李晓戈、孟伟君、张庆生阅读了本书的部分手稿,提出了很多宝贵的意见。作者在写作本书过程中参阅了大量中英文的专著、教材、论文、报告及网络资料,在此一并向有关的作者表示衷心的感谢。

　　本书内容精练,结构合理,文字简洁,实训题目经典实用、综合性强,明确定位于面向初、中级读者,由零基础起步,侧重提高,特别适合作为高等院校相关专业 Python 程序设计课程的教材或教学参考书,也可以作为全国计算机等级考试、全国计算机技术与软件专业技术资格(水平)考试的培训教材,还可以供从事计算机应用开发的各类技术人员参考。

　　由于作者水平有限,时间紧迫,本书难免有疏漏之处,恳请广大读者批评指正。

作　者

2019 年 1 月

目　　录

第1章　**Python 语言概述** ……………………………………………… 1

1.1　Python 概述 ………………………………………………………… 1

　　1.1.1　Python 的发展历程 ……………………………………… 1

　　1.1.2　Python 的特点 …………………………………………… 1

　　1.1.3　Python 的应用场合 ……………………………………… 2

1.2　Python 的安装 ……………………………………………………… 2

　　1.2.1　在 Linux 下安装 Python ………………………………… 2

　　1.2.2　在 Windows 下安装 Python …………………………… 3

1.3　Python 的开发环境 ………………………………………………… 5

　　1.3.1　IDLE ………………………………………………………… 5

　　1.3.2　PyCharm …………………………………………………… 6

　　1.3.3　Anaconda …………………………………………………… 8

1.4　学习建议 …………………………………………………………… 14

1.5　习题 ………………………………………………………………… 15

第2章　**基本数据类型** ……………………………………………… 16

2.1　数据类型 …………………………………………………………… 16

　　2.1.1　数字类型 …………………………………………………… 16

　　2.1.2　字符串 ……………………………………………………… 18

2.2　变量 ………………………………………………………………… 18

　　2.2.1　标识符 ……………………………………………………… 18

　　2.2.2　变量定义和赋值 …………………………………………… 19

2.3　运算符 ……………………………………………………………… 20

　　2.3.1　算术运算符 ………………………………………………… 20

　　2.3.2　关系运算符 ………………………………………………… 21

　　2.3.3　赋值运算符 ………………………………………………… 22

　　2.3.4　逻辑运算符 ………………………………………………… 23

　　2.3.5　位运算符 …………………………………………………… 23

　　2.3.6　成员运算符 ………………………………………………… 25

　　2.3.7　身份运算符 ………………………………………………… 25

2.4 表达式 ·· 26
　　2.4.1 表达式组成规则 ·· 26
　　2.4.2 表达式计算 ··· 26
　　2.4.3 注意事项 ·· 27
2.5 数据类型的转换 ·· 27
　　2.5.1 隐式类型转换 ·· 27
　　2.5.2 显式类型转换 ·· 28
2.6 Python 的关键字和转义符 ·· 29
　　2.6.1 关键字 ·· 29
　　2.6.2 转义符 ·· 29
2.7 内置函数 ·· 30
　　2.7.1 数学函数 ·· 30
　　2.7.2 随机数函数 ··· 31
　　2.7.3 时间函数 ·· 32
2.8 习题 ·· 33

第3章　组合数据类型 ·· 35
3.1 列表 ·· 35
　　3.1.1 定义 ·· 35
　　3.1.2 列表的成员运算符、索引和切片 ······························ 38
　　3.1.3 操作方法 ·· 39
　　3.1.4 操作函数 ·· 40
3.2 元组 ·· 41
　　3.2.1 定义 ·· 41
　　3.2.2 操作方法 ·· 42
3.3 字符串 ·· 43
　　3.3.1 操作函数 ·· 43
　　3.3.2 字符串举例 ··· 45
3.4 字典 ·· 46
　　3.4.1 定义 ·· 46
　　3.4.2 字典操作 ·· 47
3.5 集合 ·· 50
　　3.5.1 定义 ·· 50
　　3.5.2 集合操作 ·· 50
　　3.5.3 集合运算 ·· 51
3.6 数据类型转换 ·· 52
3.7 习题 ·· 52

第 4 章　顺序与选择结构 ·· 55

4.1　程序设计流程 ·· 55

4.1.1　算法 ·· 55

4.1.2　程序流程图 ·· 57

4.1.3　3 种控制结构 ·· 58

4.2　顺序结构 ·· 58

4.2.1　输入、处理和输出 ··································· 59

4.2.2　输入输出函数 ·· 59

4.3　顺序结构程序设计举例 ····································· 62

4.4　选择结构 ·· 63

4.4.1　单分支结构 ·· 63

4.4.2　双分支结构 ·· 64

4.4.3　多分支结构 ·· 65

4.4.4　分支嵌套 ·· 67

4.5　选择结构程序设计举例 ····································· 68

4.6　程序书写格式 ··· 69

4.6.1　缩进 ·· 69

4.6.2　多行语句 ·· 70

4.6.3　空行 ·· 70

4.6.4　注释 ·· 71

4.7　语句构造注意事项 ·· 71

4.8　习题 ··· 72

第 5 章　循环结构 ·· 73

5.1　循环概述 ·· 73

5.1.1　循环结构 ·· 73

5.1.2　循环分类 ·· 74

5.2　while 语句 ··· 74

5.2.1　基本形式 ·· 74

5.2.2　else 语句 ··· 76

5.2.3　死循环 ·· 76

5.3　for 语句 ··· 77

5.3.1　遍历循环 ·· 77

5.3.2　内置函数 range() ···································· 77

5.3.3　循环嵌套实现 ·· 78

5.4　转移语句 ·· 80

5.4.1　break 语句 ··· 81

5.4.2　continue 语句 ·· 82

5.4.3　pass 语句 ··· 83

5.5　迭代器 ··· 84

　　5.5.1　iter()方法 ··· 84

　　5.5.2　next()方法 ·· 84

5.6　循环语句举例 ··· 84

5.7　语句构造注意事项 ··· 88

5.8　习题 ·· 89

第6章　函数与模块 ··· 91

6.1　函数概述 ··· 91

　　6.1.1　函数引例 ··· 91

　　6.1.2　函数分类 ··· 92

6.2　函数的定义与使用 ··· 92

　　6.2.1　函数的定义 ··· 92

　　6.2.2　函数的使用 ··· 93

　　6.2.3　函数的返回值 ·· 94

6.3　参数传递 ··· 95

　　6.3.1　实参与形参 ··· 95

　　6.3.2　传对象引用 ··· 95

6.4　参数分类 ··· 96

　　6.4.1　必备参数 ··· 96

　　6.4.2　默认参数 ··· 97

　　6.4.3　关键参数 ··· 97

　　6.4.4　可变长参数 ··· 98

6.5　两类特殊函数 ··· 98

　　6.5.1　匿名函数 ··· 98

　　6.5.2　递归函数 ··· 99

6.6　变量作用域 ·· 103

　　6.6.1　局部变量 ·· 103

　　6.6.2　全局变量 ·· 104

6.7　模块 ·· 104

　　6.7.1　命名空间 ·· 104

　　6.7.2　模块定义与导入 ··· 105

6.8　第三方包管理工具 ··· 105

　　6.8.1　pip ··· 105

　　6.8.2　安装 wheel 文件 ··· 106

　　6.8.3　将 py 文件打包成 exe 文件 ·· 107

6.9　习题 ·· 108

第 7 章　文件与数据组织·· 109

　7.1　文件 ·· 109

　　　7.1.1　字符编码 ·· 109

　　　7.1.2　文本文件和二进制文件 ·· 110

　7.2　文件操作 ··· 110

　　　7.2.1　打开和关闭文件 ·· 110

　　　7.2.2　读写文件 ·· 112

　　　7.2.3　文件相关函数 ·· 114

　7.3　文件操作举例 ··· 116

　7.4　数据组织 ··· 117

　　　7.4.1　维度 ·· 117

　　　7.4.2　CSV 格式 ·· 118

　7.5　习题 ·· 119

第 8 章　面向对象程序设计·· 120

　8.1　面向对象概述 ··· 120

　　　8.1.1　类与对象 ·· 120

　　　8.1.2　三大特性 ·· 121

　8.2　类属性与实例属性 ··· 122

　　　8.2.1　类属性 ·· 122

　　　8.2.2　实例属性 ·· 123

　8.3　方法 ·· 124

　　　8.3.1　对象方法 ·· 124

　　　8.3.2　类方法 ·· 125

　　　8.3.3　静态方法 ·· 126

　8.4　构造函数与析构函数 ··· 126

　　　8.4.1　构造函数 ·· 126

　　　8.4.2　析构函数 ·· 127

　8.5　继承性 ··· 127

　8.6　多态性 ··· 129

　8.7　习题 ·· 131

第 9 章　tkinter 的 GUI 设计··· 132

　9.1　概述 ·· 132

　　　9.1.1　界面设计原则 ·· 132

　　　9.1.2　Python 的 GUI 工具 ·· 132

　9.2　tkinter 概述 ·· 133

　9.3　常用控件 ··· 134

9.3.1 标签 ··· 134

9.3.2 文本框 ·· 135

9.3.3 输入框 ·· 136

9.3.4 单选按钮 ·· 137

9.3.5 复选框 ·· 137

9.3.6 按钮 ··· 138

9.3.7 列表框 ·· 139

9.3.8 滚动条 ·· 139

9.3.9 对话框和消息框 ·· 140

9.4 布局 ·· 141

9.4.1 pack()方法 ·· 141

9.4.2 grid()方法 ·· 143

9.4.3 place()方法 ··· 144

9.4.4 Frame()方法 ·· 145

9.5 事件响应 ·· 146

9.6 习题 ·· 147

第 10 章　图形绘制 ··· 148

10.1 绘图简介 ··· 148

10.2 turtle ·· 148

10.2.1 turtle 简介 ··· 148

10.2.2 绘图步骤 ··· 150

10.2.3 绘图实例 ··· 150

10.3 Canvas ··· 154

10.3.1 Canvas 简介 ··· 154

10.3.2 绘图步骤 ··· 155

10.3.3 绘制基本图形 ·· 155

10.3.4 绘图实例 ··· 159

10.4 习题 ··· 161

第 11 章　爬虫与正则表达式 ·· 162

11.1 网络爬虫 ··· 162

11.1.1 概述 ··· 162

11.1.2 爬虫流程 ··· 162

11.2 正则表达式 ··· 162

11.2.1 基本语法 ··· 163

11.2.2 re 模块 ··· 164

11.3 Python 爬虫库 ··· 167

11.3.1 urllib 库 ·· 167

11.3.2 requests 库 ·· 168

11.3.3 BeautifulSoup 库 ····································· 169

11.3.4 jieba 库 ·· 173

11.4 网络爬虫举例 ·· 177

11.4.1 需求 ·· 177

11.4.2 实现思路 ·· 177

11.4.3 实现步骤 ·· 178

11.5 习题 ··· 183

第 12 章 SQLite 数据库 ··· 184

12.1 关系型数据库 ·· 184

12.2 SQLite 数据库简介 ··· 185

12.3 sqlite3 模块操作数据库的步骤 ································· 186

12.4 SQLite 命令 ··· 187

12.5 SQLite 数据库举例 ··· 189

12.6 习题 ··· 191

第 13 章 异常处理 ··· 192

13.1 错误类型 ··· 192

13.1.1 语法错误 ·· 192

13.1.2 运行时错误 ··· 192

13.1.3 逻辑错误 ·· 193

13.2 捕获和处理异常 ·· 193

13.2.1 try…except…else 语句 ································ 193

13.2.2 try…except…finally 语句 ··························· 195

13.2.3 raise 语句 ·· 196

13.2.4 自定义异常类 ··· 196

13.3 习题 ··· 198

第 14 章 Python 计算生态 ·· 199

14.1 数据分析 ··· 199

14.1.1 NumPy ··· 199

14.1.2 SciPy ··· 203

14.1.3 Pandas ··· 206

14.2 数据可视化 ·· 209

14.2.1 Matplotlib 简介 ··· 209

14.2.2 绘制图形 ··· 210

14.3　Web 开发 ·· 214
　　14.3.1　Web 开发技术发展历程 ························· 214
　　14.3.2　Django 框架 ······································ 215
14.4　游戏开发 ·· 217
　　14.4.1　Pygame 简介 ····································· 217
　　14.4.2　Pygame 的模块 ·································· 219
14.5　习题 ·· 224

附录 A　全国计算机等级考试二级 Python 语言程序设计考试大纲(2018 年版) ····· 225
A.1　基本要求 ·· 225
A.2　考试内容 ·· 225
A.3　考试方式 ·· 226

附录 B　上海市计算机等级考试二级 Python 大纲(2016 年版) ····· 227
B.1　考试性质 ·· 227
B.2　考试目标 ·· 227
B.3　考试细则 ·· 227
B.4　试卷结构 ·· 228
B.5　考试内容和要求 ··· 228

附录 C　Python 的内置数据类型 ······························· 231

附录 D　Python 的内置函数 ···································· 232
D.1　数学函数 ·· 232
D.2　转换函数 ·· 232
D.3　随机数函数 ·· 233
D.4　时间函数 ·· 234
D.5　列表函数 ·· 236
D.6　元组函数 ·· 236
D.7　字符串函数 ·· 236
D.8　字典函数 ·· 238
D.9　集合函数 ·· 238

附录 E　Python 内置的集成开发工具 IDLE ······················ 239
E.1　IDLE 简介 ··· 239
E.2　IDLE 的两种运行方式 ······································ 239
　　E.2.1　命令行运行方式 ··································· 239
　　E.2.2　图形用户界面运行方式 ························· 240

E.3　IDLE 的调试方法 ·· 240

附录 F　Python 程序调试器 pdb ································· 244
F.1　pdb 简介 ·· 244
F.2　pdb 的调用方式 ··· 244
F.2.1　在命令行调用 pdb ································· 244
F.2.2　在 Python 交互环境中调用 pdb ················· 244
F.2.3　pdb 模块的 set_trace 方法 ······················ 245
F.3　调试命令 ·· 246

附录 G　PyCharm 编辑器 ····································· 247
G.1　PyCharm 简介 ·· 247
G.2　PyCharm 调试步骤 ··· 247

参考文献·· 249

第 1 章　Python 语言概述

Python 是一种解释型、面向对象、动态数据类型的高级程序设计语言,现已成为继 Java、C++ 之后的第三大编程语言。本章介绍 Python 的发展历程、特点以及应用场合,Python 在 Linux 和 Windows 下的安装方式、Python 的 3 种开发环境,给出了关于 Python 的学习建议。

1.1　Python 概述

1.1.1　Python 的发展历程

当前,全世界有 600 多种计算机编程语言,但流行的编程语言只有 20 余种。其中,C 语言适合开发涉及硬件性能的程序,Java 语言适合编写网络应用程序,BASIC 语言适合初学者,JavaScript 语言适合网页编程等。

Python 是 Guido van Rossum 在 1989 年圣诞节期间开发的,第一个公开发行版于 1991 年推出。Python 借鉴了诸多语言(如 ABC、Modula-3、C、C++、ALGOL-68、SmallTalk、UNIX Shell 和脚本语言等)的特点。Python 2.0 于 2000 年 10 月 16 日发布,实现了垃圾回收,并支持 Unicode。Python 3.0 被称为 Python 3000,或简称 Py3k,发布于 2008 年 12 月 3 日,相对于 Python 的早期版本,作了较大的升级。但 Python 3.0 未考虑向下相容,导致早期 Python 版本设计的程序无法在 Python 3.0 上正常执行。

2018 年 3 月,Python 核心团队宣布在 2020 年停止支持 Python 2,只支持 Python 3。

1.1.2　Python 的特点

Python 具有如下显著特点:

(1) 简单易学。Python 是一种代表简单主义思想的语言,具有极其简单的说明,易于快速上手学习。

(2) 免费开源。Python 是 FLOSS(Free/Libre and Open Source Software,自由/开放源码软件)之一,使用者可以自由地阅读源代码,对它做改动,把它的一部分用于新的自由软件中,以及发布这个软件的副本。

(3) 丰富的数据类型。Python 具有序列、列表、元组和字典等数据结构,便于实现各种算法。

（4）解释型语言。计算机高级编程语言必须将源程序通过翻译程序翻译成目标程序，计算机才能识别和执行。翻译通常有两种方式：一种是编译执行，另一种是解释执行。C、C++等采用编译执行方式。编译执行是指源程序代码先由编译器编译成二进制的可执行指令。这种方式通常执行效率高。Python 和 Java 采用解释执行方式。解释执行是指源代码程序被解释器转换成称为字节码的中间形式，由虚拟机负责在不同的计算机上运行。这种方式便于移植。

（5）功能强大。Python 在图形处理、数据分析、机器学习、科学计算、Web 开发、爬虫、人工智能等领域都有所应用。

1.1.3　Python 的应用场合

Python 功能强大，应用广泛，常用的应用场合有如下几种。

（1）GUI 软件开发。Python 具有 wxPython、PyQT 等工具，可以快速开发图形用户界面。

（2）网络应用开发。Python 提供了标准 Internet 模块，可以广泛应用到各种网络任务中。webpy、Django、flask 等网络框架能够快速构建功能完善和高质量的网站。

（3）多媒体应用。Python 的 PyOpenGL 模块封装了 OpenGL 应用程序编程接口，能进行二维和三维图像处理。Pygame 模块专供电子游戏设计使用。

（4）科学计算。随着 NumPy、SciPy、Matplotlib 等众多程序库的开发，Python 越来越适用于科学计算以及绘制高质量的 2D 和 3D 图像。相对于科学计算领域最流行的商业软件 MATLAB 而言，Python 是一门通用的程序设计语言，其应用范围更广泛，有更多的第三方库的支持。

（5）数据库开发。Python 支持所有主流数据库，如 Oracle、Sybase、MySQL、MongoDB 等。

（6）系统编程。Python 对操作系统服务设置了内置接口，使其适合编写可移植的维护操作系统的管理工具和部件。Python 程序可以搜索文件和目录树，可以运行其他程序，用进程或线程进行并行处理等。

1.2　Python 的安装

1.2.1　在 Linux 下安装 Python

Ubuntu（乌班图）基于 Linux 的免费开源桌面 PC 操作系统，目标在于为一般用户提供一个最新的、相当稳定的、主要由自由软件构建而成的操作系统。Ubuntu 具有庞大的社区力量，用户可以方便地从社区获得帮助。

Ubuntu 内置 Python 2，在终端下输入 Python，如图 1.1 所示。

在 Ubuntu 下安装 Python 3 的具体步骤如下。

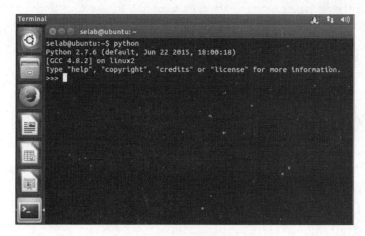

图 1.1　Ubuntu 内置 Python 2

步骤 1：下载。

wget https://www.python.org/ftp/python/3.6.0/Python-3.6.0a1.tar.xz

步骤 2：解压。

tar xvf Python-3.6.0a1.tar.xz

步骤 3：创建安装文件的路径。

mkdir /usr/local/python3

步骤 4：编译安装。

```
./configure --prefix=/usr/local/python3
make
make install
```

步骤 5：测试。输入 Python 3 进行测试，按 Ctrl＋D 键退出。

1.2.2　在 Windows 下安装 Python

在 Windows 下安装 Python 的步骤如下。

步骤 1：下载 Python 3.6.0 安装包并进行安装。在浏览器中输入 http://www.python.org，在安装文件列表中找到适合的版本下载，如图 1.2 所示。

步骤 2：在 Windows 环境变量中添加 Python，将 Python 的安装目录添加到 Windows 下的环境变量 PATH 中，如图 1.3 所示。

步骤 3：测试 Python 安装是否成功。

在 Windows 下使用 cmd 打开命令行，输入 python 并按 Enter 键，如果出现图 1.4 所示的信息就表示安装成功。

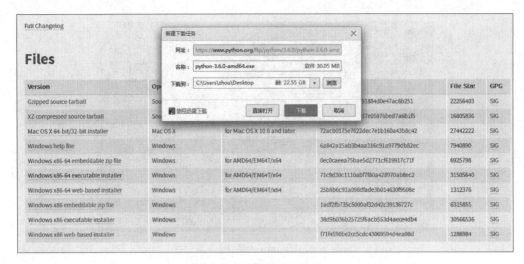

图 1.2 下载 Python 3.6.0

图 1.3 设置环境变量 PATH

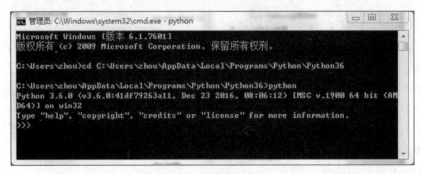

图 1.4 测试 Python 安装是否成功

1.3　Python 的开发环境

Python 编辑器众多,有 Python 自带的 IDLE 编辑器、Notepad＋＋、Eclipse＋PyDev、UliPad、vim 和 emacs,Linux 下的 Eclipse with PyDev 及 Windows 下的 PyCharm 和 Anaconda 等。

1.3.1　IDLE

IDLE 作为 Python 内置的集成开发工具,包括能够利用颜色突出显示语法的编辑器、调试工具、Python Shell 以及完整的 Python 3 在线文档集。

Python 的 IDLE 有命令行和图形用户界面两种方式。选择"开始"→"所有程序"→Python 3.6→IDLE(PythonGUI)命令,启动 IDLE,直接进入命令行执行 Python 语句,如图 1.5 所示。执行命令行方便快捷,但必须逐条输入语句,不便于重复执行,适合测试少量的 Python 代码,不适合复杂的程序设计。

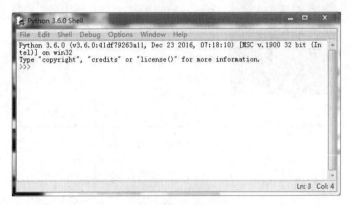

图 1.5　IDLE 的命令行

Python 的 IDLE 的图形用户界面如图 1.6 所示。

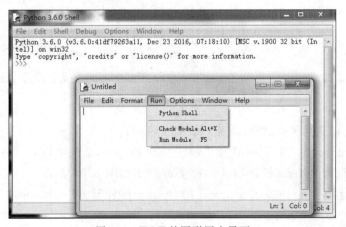

图 1.6　IDLE 的图形用户界面

1.3.2　PyCharm

PyCharm 由 JetBrains 公司开发,带有一整套可以帮助用户提高 Python 语言开发效率的工具,如调试、语法高亮、Project 管理、代码跳转、智能提示、自动完成、单元测试、版本控制。此外,该编辑器提供了一些高级功能,以用于支持 Django 框架下的专业 Web 开发。PyCharm 官方网址为 http://www.jetbrains.com/pycharm/,下载 PyCharm 后,双击安装程序开始安装,如图 1.7 所示。

图 1.7　PyCharm 安装向导

安装结束时,可以选择导入 PyCharm 旧版本的设置,如图 1.8 所示。

图 1.8　运行 PyCharm

下一步,可以选择免费试用 30 天,如图 1.9 所示。

启动 PyCharm,在主界面中单击 Create New Project,输入项目名、路径,选择 Python 解释器。如果没有 Python 解释器,Interpreter 列表如图 1.10 所示。

这里选择版本为 python-3.6.0.msi 的 Python 解释器。PyCharm 进入 Python 文件编辑界面,如图 1.11 所示。

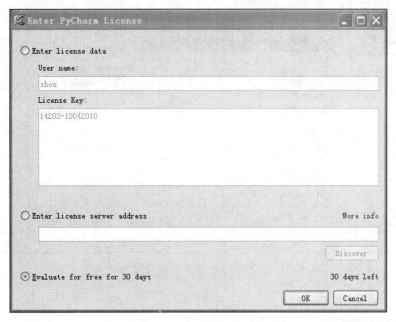

图 1.9　选择免费试用 30 天

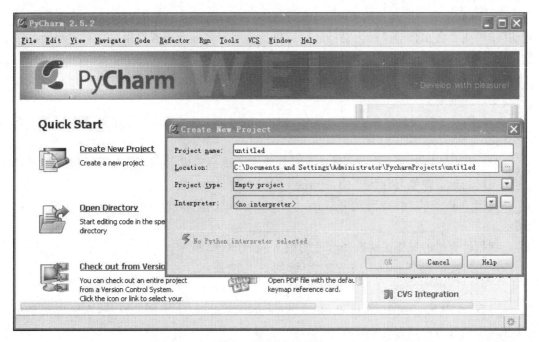

图 1.10　创建新项目

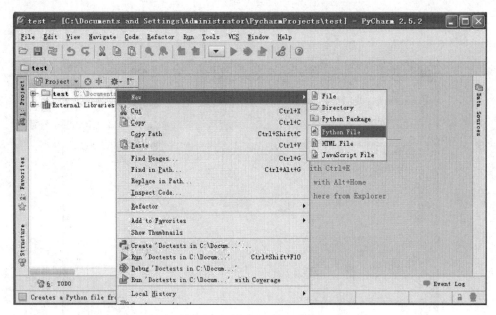

图 1.11　创建 Python 文件

1.3.3　Anaconda

Anaconda 是一个开源的 Python 发行版本,包含了 conda、Python 等 180 多个科学包及其依赖项。它在数据可视化、机器学习、深度学习等多方面都有应用。

Anaconda 具有如下功能:

(1) 工具包管理。使用 conda 和 pip 安装、更新、卸载第三方工具包简单方便,不需要考虑版本等问题。

(2) 集成了数据科学相关的工具包,如 Numpy、Scipy、Pandas 等数据分析的第三方工具包。

(3) 虚拟环境管理。在 conda 中可以建立多个虚拟环境,为不同 Python 版本的项目建立不同的运行环境,从而解决了 Python 多版本并存的问题。

访问 Anaconda 的官网地址 https://www.anaconda.com/download/,如图 1.12 所示。

根据计算机的操作系统选择合适的版本,如图 1.13 所示。

单击链接下载 Python 3.6 安装文件,如图 1.14 所示。

下载完成后,双击安装程序开始安装。

注意:在 Windows 10 系统中,安装 Anaconda 的时候,右击安装程序,在快捷菜单中选择以管理员的身份运行安装程序。

选择安装路径,例如 C:\Anaconda3,如图 1.15 所示。安装完成后,单击 Finish 按钮,如图 1.16 所示。https://docs.anaconda.com/anaconda/user-guide/getting-started 给出了 Anaconda 的使用方法指导。

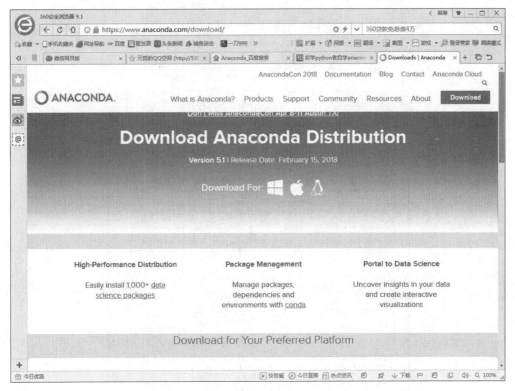

图 1.12　Anaconda 下载页面

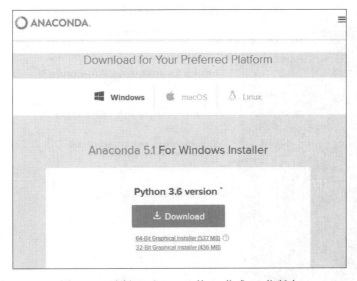

图 1.13　选择 Python 3.6 的 64 位或 32 位版本

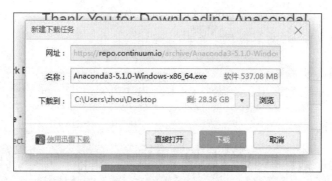

图 1.14　下载 Anaconda 安装文件

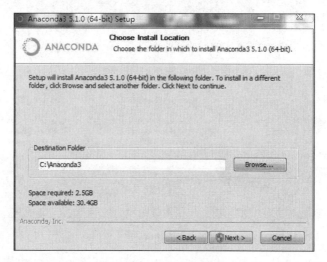

图 1.15　选择安装路径

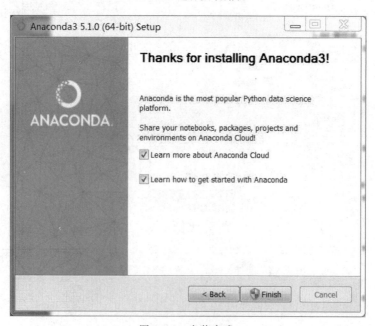

图 1.16　安装完成

Anaconda 包含如下应用,如图 1.17 所示。

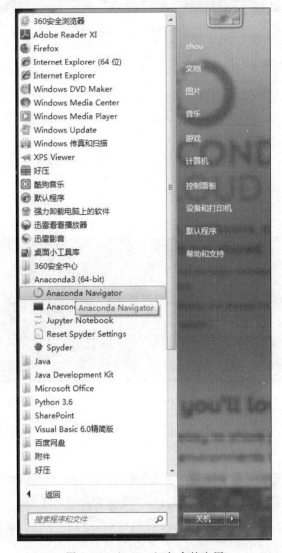

图 1.17　Anaconda 包含的应用

- Anaconda Navigator:用于管理工具包和环境的图形用户界面,后面涉及的众多管理命令也可以在 Navigator 中手工实现。
- Anaconda Prompt:Python 的交互式运行环境。
- Jupyter Notebook:基于 Web 的交互式计算环境,可以编辑易于阅读的文档,用于展示数据分析的过程。
- Spyder:一个使用 Python 语言的、跨平台的科学运算集成开发环境。与 PyDev、PyCharm、PTVS 等 Python 编辑器相比,Spyder 对内存的需求小很多。

下面进行 Anaconda 的环境设置。

启动 Anaconda Prompt,输入 conda --version 命令,执行结果如图 1.18 所示。

```
(base) C:\Users\Administrator>conda --version
conda 4.4.10
```

图 1.18　查看 Anaconda 版本

在 Anaconda Prompt 中输入如下命令配置环境变量：

```
conda create --name<env_name><package_names>
```

其中，env_name 是环境的名称(--name 表示其后的 env_name 是环境的名称)，package_names 是安装在环境中的包名称。

例如，以下命令创建基于 Python 3.6 的名为 test_py3 的环境。

```
conda create --name test_py3 python=3.6
```

执行结果如图 1.19 所示。

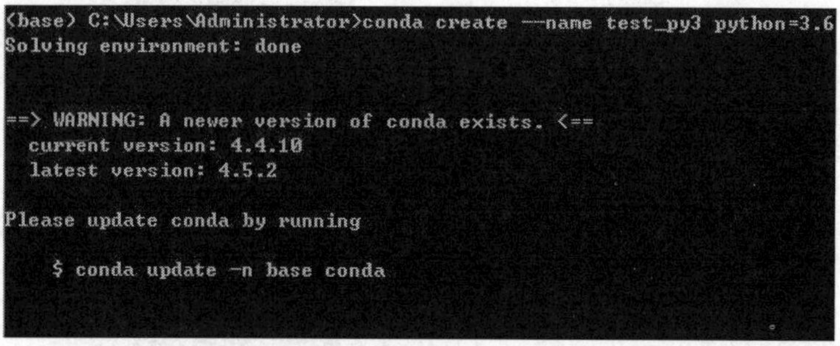

```
(base) C:\Users\Administrator>conda create --name test_py3 python=3.6
Solving environment: done

==> WARNING: A newer version of conda exists. <==
  current version: 4.4.10
  latest version: 4.5.2

Please update conda by running

    $ conda update -n base conda
```

图 1.19　创建基于 Python 3.6 的名为 test_py3 的环境

在 Anaconda Prompt 中，使用 conda list 命令查看环境中默认安装的包，如图 1.20 所示。

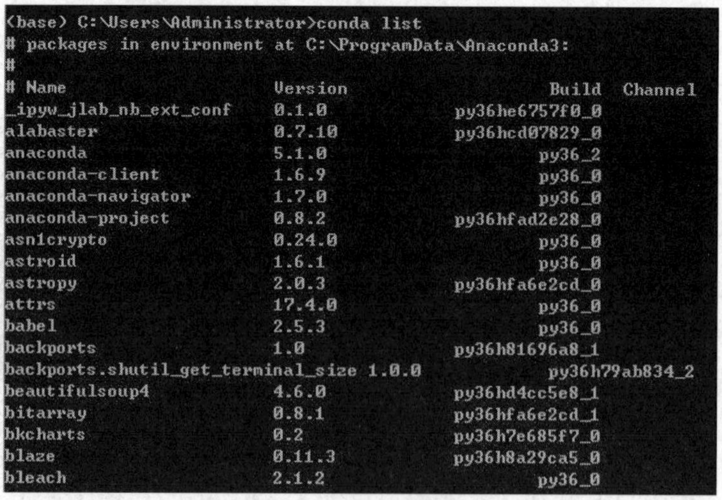

```
(base) C:\Users\Administrator>conda list
# packages in environment at C:\ProgramData\Anaconda3:
#
# Name                          Version              Build           Channel
_ipyw_jlab_nb_ext_conf          0.1.0                py36he6757f0_0
alabaster                       0.7.10               py36hcd07829_0
anaconda                        5.1.0                py36_2
anaconda-client                 1.6.9                py36_0
anaconda-navigator              1.7.0                py36_0
anaconda-project                0.8.2                py36hfad2e28_0
asn1crypto                      0.24.0               py36_0
astroid                         1.6.1                py36_0
astropy                         2.0.3                py36hfa6e2cd_0
attrs                           17.4.0               py36_0
babel                           2.5.3                py36_0
backports                       1.0                  py36h81696a8_1
backports.shutil_get_terminal_size 1.0.0             py36h79ab834_2
beautifulsoup4                  4.6.0                py36hd4cc5e8_1
bitarray                        0.8.1                py36hfa6e2cd_1
bkcharts                        0.2                  py36h7e685f7_0
blaze                           0.11.3               py36h8a29ca5_0
bleach                          2.1.2                py36_0
```

图 1.20　查看环境中默认安装的包

在 Anaconda 中，Python 有交互式、脚本式和 Spyder 3 种编程和运行方式。

（1）交互式编程。

交互式编程是指在编辑完一行代码并按 Enter 键后会立即执行并显示运行结果。在 test_py3 环境中输入 Python 命令并按 Enter 键后，会出现＞＞＞提示符，进入交互式编程模式，如图 1.21 所示。

```
(test_py3) C:\Users\Administrator>python
Python 3.6.5 |Anaconda, Inc.| (default, Mar 29 2018, 13:32:41) [MSC v.1900 64 bi
t (AMD64)] on win32
Type "help", "copyright", "credits" or "license" for more information.
>>>
```

图 1.21　交互式编程模式

在＞＞＞之后输入 Python 的各种命令。例如，输入 print('Hello world! ')命令，执行结果如图 1.22 所示。

```
>>> print('Hello world!')
Hello world!
```

图 1.22　print 命令及输出结果

（2）脚本式编程。

Python 和其他脚本语言（如 Java、R、Perl 等）一样，可以直接在命令行运行脚本程序。

首先，在 D:\ 目录下创建 Hello.py 文件，内容如图 1.23 所示。

图 1.23　Hello.py 文件内容

其次，进入 test_py3 环境后，输入 python d:\Hello.py 命令，运行结果如图 1.24 所示。

```
(base) C:\Users\Administrator>python d:\Hello.py
Hello world!
Hello Again
```

图 1.24　运行 d:\Hello.py 文件

（3）Spyder。

Spyder 是 Python 的集成开发环境，其界面如图 1.25 所示。

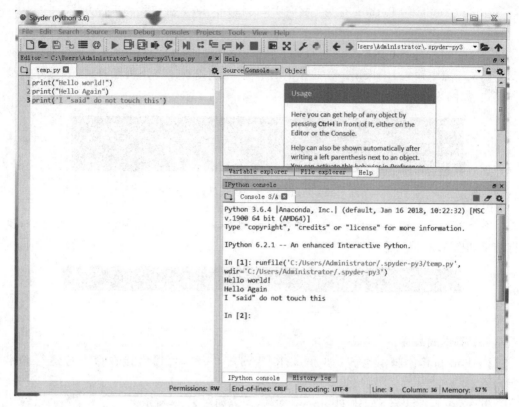

图 1.25　Spyder

1.4　学习建议

学习 Python 编程语言一般应注意以下几点。

（1）应反复实践,掌握 Python 的每一个知识点,从简单的程序开始,逐渐加大程序的规模。

（2）只有通过大量编程实践,有了一定的积累,编程能力才能发生质变。动手能力的提高是编程语言学习的核心。

（3）由于编程涉及很多方面的知识,如操作系统、软件工程、数据结构、面向对象程序设计、硬件系统等,需要不断扩充自己的知识面。

在学习过程中,应了解并掌握编程规范,养成良好的编程习惯。

（1）上机实践前理清程序设计思路。

（2）上机实践后应及时总结,把没有搞清楚的问题记录下来,进行分析。

（3）多使用调试工具帮助自己分析程序。

（4）注意错误信息的提示。

（5）多利用帮助文件。

在学习中,应多阅读、借鉴别人的程序。

除了阅读教材上的例题程序外，也可借助网络资源增强编程技巧。学习编程的入门阶段可以比喻为"照猫画虎"。

首先，要读懂别人的程序，包括每个变量、每行代码的用意。即先了解"猫是什么"。

其次，去模仿，尝试"复制"别人的程序，思考别人为什么这样设计程序，我又如何去做。即"照猫画猫"。

最后，思考能不能将程序加以修改，以完成更多的功能并提高其容错性。即"照猫画虎"。

1.5　习题

1. Python 的发展经过了哪些阶段？
2. 简述 Python 的功能和特点。
3. 在 Linux 和 Windows 环境下安装 Python 3.6。
4. 安装 PyCharm 和 Anaconda。

第 2 章　基本数据类型

本章主要介绍 Python 的基础知识,包括 Python 的基本数据类型、变量、运算符和表达式。

2.1　数据类型

计算机能处理数值、文本、图形、音频、视频、网页等各种数据。对不同的数据,需要定义不同的数据类型,从而能对其进行同样的操作,采用同样的编码方式。例如,人的年龄 25 用整数来表示,成绩 78.5 用浮点数来表示,人的姓名"比尔·盖茨"用字符串来表示,等等。

Python 3 的数据类型如图 2.1 所示。

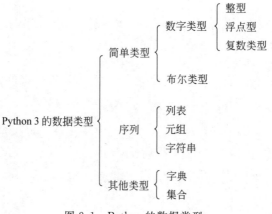

图 2.1　Python 的数据类型

本章介绍其中的数字类型和字符串。

2.1.1　数字类型

Python 中的数字类型包括整型、浮点型和复数类型。

1. 整型

整型(int)用于表示整数,包括十进制整数、十六进制整数、八进制整数和二进制整数,具体如下。

(1) 十进制整数,如 0、−1、9、123。

(2) 十六进制整数,需要 16 个数字 0、1、2、3、4、5、6、7、8、9、a、b、c、d、e、f 来表示。十

六进制数必须以 0x 开头,如 0x10、0xfa、0xabcdef。

（3）八进制整数,只须 8 个数字 0、1、2、3、4、5、6、7 来表示。八进制数必须以 0o 开头,如 0o35、0o11。

（4）二进制整数,只须两个数字 0、1 来表示。二进制数必须以 0b 开头,如 0b101、0b100。

【例 2.1】 整型数举例。

```
>>>0xff
255
>>>2017
2017
>>>0b10011001
153
>>>0b012
SyntaxError: invalid syntax
>>>-0o11
-9
```

2. 浮点型

浮点型(float)也称实型,用于表示小数,浮点数按照科学记数法表示,其小数点位置可以浮动变化。例如,52.3e4 就是用科学记数法表示的浮点数,其中,e 表示 10 的幂,52.3e4 表示 52.3×10^4。52.3e4 和 5.23e5 表示同一数字,但是它们的小数点位置不同。

【例 2.2】 浮点数举例。

```
>>>1234567890012345.0
1234567890012345.0
>>>12345678900123456789.0
1.2345678900123458e+19
>>>15e2
1500.0
>>>15e2.3
SyntaxError: invalid syntax
```

3. 复数

复数(complex)由实部和虚部构成,例如 1+2j、1.1+2.2j(在 Python 中,虚数单位用 j 表示)。

【例 2.3】 复数举例。

```
>>>x=3+5j          #x 为复数
>>>x.real          #查看复数 x 的实部
3.0
>>>x.imag          #查看复数 x 的虚部
5.0
```

```
>>>y=6-10j          #y为复数
>>>x+y              #复数 x、y 相加
(9-5j)
```

2.1.2 字符串

字符串是以单引号、双引号或三引号("")括起来的符号,例如'Hello World' "Python is groovy" ""What is footnote 5?""等。请注意,引号是字符串界定符,不是字符串的一部分。字符串用单引号或双引号括起来没有任何区别,只是一个字符串用哪种引号开头,就必须用哪种引号结尾。

单引号与双引号只能创建单行字符串。例如:

```
>>> 'Hello'
'Hello'
>>> "Let's go".
"Let's go"
>>> s="'Python' Program"
>>> s
"'Python' Program"
```

为了创建多行字符串或者为了使得字符串的数据中出现双引号,Python 规定了三引号。例如:

```
>>> s='''
... We say "Hello" to Python
... '''
>>> s
'\nWe say "Hello" to Python\n'
```

2.2 变量

2.2.1 标识符

标识符用来标识程序的各种成分,如变量、常量、函数等对象的名字。标识符必须遵循以下命名规则:

(1) 变量名可以由字母、数字和下画线组成。

(2) 变量名的第一个字符必须是字母或者下画线,不能以数字开头。

(3) 尽量不要使用容易和其他字符混淆的单个字符作为标识符,例如数字 0 和字母 o,数字 1 和字母 l 等。

(4) 标识符不能和 Python 关键字同名。

在 Anaconda Prompt 中输入 import keyword 命令查看 Python 的关键字,如图 2.2 所示。

(5) 标识符区分大小写。例如,myname 和 myName 不是同一个变量。

(6) 以双下画线开头的标识符有特殊意义,是 Python 中的专用标识。例如__init__()代表类的构造函数。

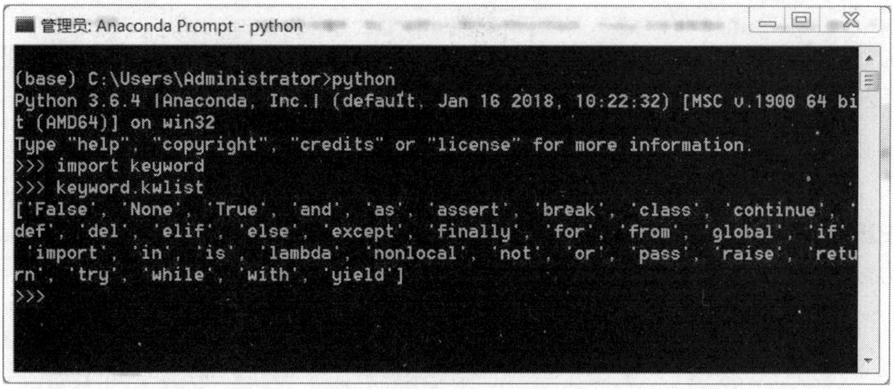

图 2.2　Python 的关键字

（7）标识符的命名方法采用匈牙利命名法。匈牙利命名法采用小写前缀与有特定描述意义的名字相结合的方式来为标识符命名。

例如，a123、XYZ、变量名、sinx 等均符合标识符的命名规则，是合法的标识符。

图 2.3 中的标识符不符合标识符命名规则，会导致语法错误。

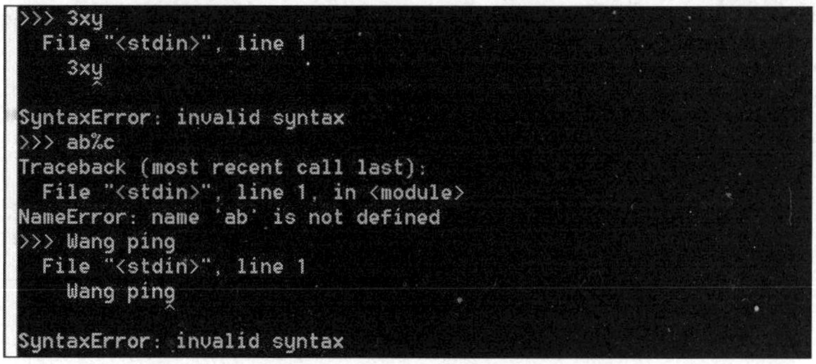

图 2.3　不合法的标识符

在 Python 中，单独的下画线用于表示上一次运算的结果。例如：

```
>>> 20
20
>>> _ * 10
200
```

2.2.2　变量定义和赋值

Python 中的变量不需要声明，而是通过赋值直接创建变量。变量具有如下特点：

（1）变量在第一次赋值时创建。

（2）变量在表达式中将被替换为具体的值。

【例 2.4】　变量赋值举例。

```
>>>x=5
```

这个操作就是赋值,意思是把整型数字 5 赋予变量 x,用等号来连接变量名和值,随后就可以在表达式中使用这个新变量了。例如:

```
>>>x * 3
15
```

注意:在给变量赋值时,值的数据类型决定了变量的数据类型,变量在获得了数值的同时也获得了它的数据类型。

2.3　运算符

Python 中的运算符包括算术运算符、关系运算符、赋值运算符、逻辑运算符、位运算符、成员运算符和身份运算符。

2.3.1　算术运算符

算术运算符如表 2.1 所示。

表 2.1　算术运算符

运　算　符	描　　　述
+	两个数相加
−	将数的正负号取反或一个数减去另一个数
*	两个数相乘
/	两个数相除
//	两个数相除取整,用于得到商的整数部分
%	取模运算,返回两数相除的余数
**	幂运算

加法运算符的示例如图 2.4 所示。

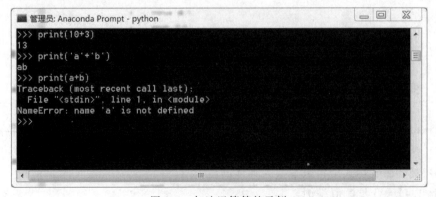

图 2.4　加法运算符的示例

除法(/)、整除(//)和取模(%)运算符的示例如图2.5所示。

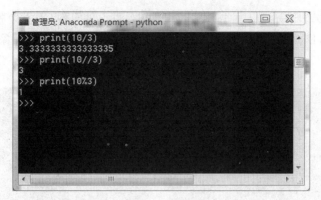

图2.5 除法(/)、整除(//)和取模(%)运算符的示例

2.3.2 关系运算符

关系运算符又称比较运算符,是双目运算符,其作用是对两个操作对象的大小进行比较,比较的结果是一个布尔值,即 True(真)或 False(假)。操作对象可以是数值型或字符型。表2.2列出了Python中的关系运算符。

表2.2 关系运算符

运 算 符	描 述	运 算 符	描 述
==	等于	<	小于
>	大于	<=	小于或等于
>=	大于或等于	!=	不等于

使用关系运算符进行比较时,需注意以下规则:

(1) 若两个操作对象是数字,则按数值大小进行比较。需要注意的是,Python中的==是等于号,!=是不等于号。操作对象为数字的示例如图2.6所示。

```
>>> print(3<5)
True
>>> print(3=5)
  File "<stdin>", line 1
SyntaxError: keyword can't be an expression
>>> print(3==5)
False
>>> print(3>5)
False
>>> print(3!=5)
True
>>> print(3<>5)
  File "<stdin>", line 1
    print(3<>5)
            ^
SyntaxError: invalid syntax
>>>
```

图2.6 操作对象为数字的示例

（2）若两个操作对象是字符型,则按字符的 ASCII 码值从左到右逐一进行比较。首先比较两个字符串中的第一个字符,ASCII 码值大的字符串大;如果第一个字符相同,则比较第二个字符;依此类推,直到出现不同的字符时结束比较。操作对象为字符串的示例如图 2.7 所示。

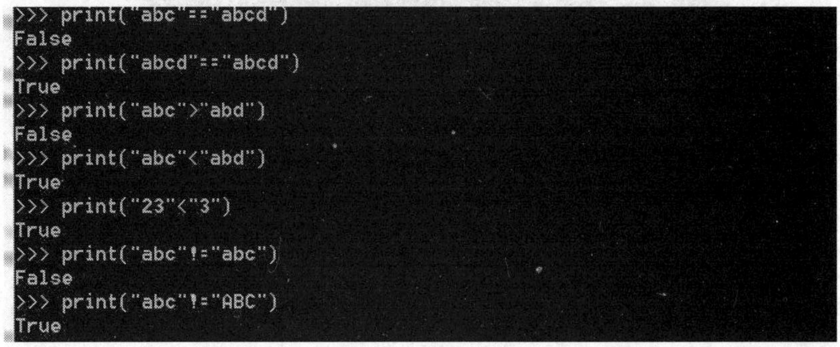

```
>>> print("abc"=="abcd")
False
>>> print("abcd"=="abcd")
True
>>> print("abc">"abd")
False
>>> print("abc"<"abd")
True
>>> print("23"<"3")
True
>>> print("abc"!="abc")
False
>>> print("abc"!="ABC")
True
```

图 2.7　操作对象为字符串的示例

2.3.3　赋值运算符

基本赋值运算符是＝,其优先级低于其他的运算符。基本赋值运算符的作用是将＝右边的表达式的值写入＝左边的变量中。赋值是从右到左的单向过程,也就是说,赋值运算符右边的表达式的值会改变左边的变量的值,而左边的变量对于右边的表达式没有任何影响。基本赋值运算符与算术运算符结合,构成复合赋值运算符,如表 2.3 所示。

表 2.3　复合赋值运算符

运算符	描　　述	实　　例
＋＝	加法赋值运算符	c＋＝a 等效于 c＝c＋a
－＝	减法赋值运算符	c－＝a 等效于 c＝c－a
＊＝	乘法赋值运算符	c＊＝a 等效于 c＝c＊a
/＝	除法赋值运算符	c/＝a 等效于 c＝c/a
//＝	整除赋值运算符	c//＝a 等效于 c＝c//a
%＝	取模赋值运算符	c%＝a 等效于 c＝c%a
＊＊＝	幂赋值运算符	c＊＊＝a 等效于 c＝c＊＊a

【例 2.5】　赋值运算符示例。
赋值运算符示例如图 2.8 所示。

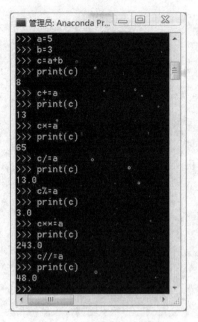

图 2.8　赋值运算符示例

2.3.4　逻辑运算符

逻辑运算符如表 2.4 所示。其中,not 是单目运算符,and 和 or 是双目运算符。逻辑运算结果是布尔值 True 或 False。

表 2.4　逻辑运算符

运算符	描　　　述
not	取反运算符。当操作数为假时,结果为真;当操作数为真时,结果为假
and	与运算符。当两个操作数均为真时,结果才为真;否则结果为假
or	或运算符。当两个操作数至少有一个为真时,结果为真;否则结果为假

【例 2.6】　逻辑运算符举例。

逻辑运算符的示例如图 2.9 所示。

注意:False 不能简写成 F,也不能改变大小写(如不能写成 false 等)。

2.3.5　位运算符

位运算是把数字转换为二进制数字再进行按位运算。Python 中的位运算符有左移运算符($<<$)、右移运算符($>>$)、按位与运算符($\&$)、按位或运算符($|$)和按位翻转运算符($\sim$),如表 2.5 所示。

```
>>> print(not F)
Traceback (most recent call last):
  File "<stdin>", line 1, in <module>
NameError: name 'F' is not defined
>>> print(not False)
True
>>> print(not True)
False
>>> print(True and True)
True
>>> print(True and  false)
Traceback (most recent call last):
  File "<stdin>", line 1, in <module>
NameError: name 'false' is not defined
>>> print(True and  False)
False
>>> print(False and True)
False
>>> print(False and False)
False
>>> print(True or True)
True
>>> print(True or False)
True
>>> print(False or True)
True
>>> print(False or False)
False
>>>
```

图 2.9　逻辑运算符的示例

表 2.5　位运算符

运算符	描　　述
<<	左移运算符。把一个数的二进制数字向左移指定位
>>	右移运算符。把一个数的二进制数字向右移指定位
&	按位与运算符。两数按位与
|	按位或运算符。两数按位或
^	按位异或运算符。两数按位异或
~	按位翻转运算符。x 的按位翻转是 −(x+1)

【例 2.7】　位运算符举例。

位运算符的示例如图 2.10 所示。

图 2.10　位运算符的示例

2.3.6　成员运算符

成员运算符主要用于字符串、列表或元组等数据类型,如表 2.6 所示。

表 2.6　成员运算符

运算符	描　述	实　例
in	如果在指定的序列中找到指定的值则返回 True,否则返回 False	x in y,如果 x 在 y 中返回 True
not in	如果在指定的序列中没有找到指定的值则返回 True,否则返回 False	x not in y,如果 x 不在 y 中返回 True

【例 2.8】　成员运算符。

```
>>>'a' not in 'bcd'
True
>>>3 not in [1,2,3,4]
False
```

2.3.7　身份运算符

身份运算符又名同一运算符,用于判断两个标识符是否对象,即是否保存于同一存储单元中。身份运算符如表 2.7 所示。

表 2.7　身份运算符

运算符	描　述	实　例
is	判断两个标识符是否引用了同一个对象	x is y,类似于 id(x)==id(y),如果 x 和 y 引用的是同一个对象则返回 True,否则返回 False
is not	判断两个标识符是否引用了不同的对象	x is not y,类似于 id(a) != id(b),如果 x 和 y 引用的不是同一个对象则返回 True,否则返回 False

【例 2.9】　身份运算符举例。

```
>>>x=y=2.5
>>>z=2.5
>>>x is y
True
>>>x is z
False
>>>x is not z
True
```

2.4 表达式

2.4.1 表达式组成规则

表达式通常由运算符和运算对象两部分组成。例如,2+3 就是一个表达式,+ 就是运算符,2 和 3 就是运算对象。运算结果由运算对象和运算符共同决定。

Python 表达式主要涉及如下两个问题:

(1) 如何用 Python 表达式表示自然语言。

(2) 如何将数学表达式转换为 Python 表达式。

【例 2.10】 将数学表达式转换为 Python 表达式,如表 2.8 所示。

表 2.8 数学表达式转换为 Python 表达式

数学表达式	Python 表 达 式
$\dfrac{abcd}{efg}$	a＊b＊c＊d/e/f/g 或 a＊b ＊c＊d/(e＊f＊g)
$\sin 45° + \dfrac{e^{10}+\ln 10}{\sqrt{x}}$	math. sin(45＊3.14/180)＋(math. exp(10)＋math. log(10))/math. sqrt(x)
$[(3x+y)-z]^{1/2}/(xy)^4$	math. sqrt((3＊x＋y)−z)/(x＊y)^4

在将数学表达式转换为 Python 表达式时应注意如下区别:

(1) 乘号不能省略。例如,xy 写成 Python 表达式为 x＊y。

(2) 括号必须成对出现。多层括号嵌套时,各层均使用圆括号,圆括号从内向外逐层配对。

(3) 运算符不能相邻。例如,a＋−b 是错误的。

简单地说,将数学表达式转换为 Python 表达式有以下两种方法:

(1) 添加必要的运算符号,如乘号、除号。

(2) 添加必要的函数,例如,数学表达式 $\sqrt{25}$ 写成 Python 表达式为 sqrt(25)。

2.4.2 表达式计算

表达式根据运算符的优先级逐一进行计算。Python 运算符的优先级按从高到低的顺序如表 2.9 所示。

【例 2.11】 求 5/4＊6//5％2 的运算结果。

【解析】 表达式 5/4＊6//5％2 中的乘法和除法运算符的优先级最高且属同一级运算,因此,先计算 5/4,结果为 1.25,此时表达式简化为 1.25＊6//5％2;接着计算 1.25＊6,结果为 7.5,此时表达式简化为 7.5//5％2;系统自动将 7.5 进行四舍五入取整,结果为 8,然后继续运算,8//5＝1.0;最后整个表达式简化为 1.0％2,其运算结果为 1.0。

表 2.9 Python 运算符的优先级

运 算 符	描 述
**	幂运算符
~、−	按位取反、正负号取反运算符
*、/、%、//	乘、除、取模和整除运算符
+、−	加法、减法运算符
>>、<<	按位右移、左移运算符
&	按位与运算符
^、|	按位异或、按位或运算符
<=、<、>、>=	小于或等于、小于、大于、大于或等于运算符
==、!=(或<>)	等于、不等于运算符
=、%=、/=、//=、−=、+=、*=、**=	赋值运算符
is、is not	身份运算符
in、not in	成员运算符
not、or、and	逻辑运算符

2.4.3 注意事项

对于 Python 的表达式要注意以下几点：

（1）Python 可以同时为多个变量赋值，例如 a,b=1,2。

（2）一个变量可以通过赋值指向不同类型的对象。

（3）数值的除法(/)总是返回一个浮点数。要获取整数结果，应使用//运算符。

（4）在不同数据类型的数值混合计算时，Python 会把整型数自动转换为浮点数。

（5）字母必须加上单引号，否则系统会给出错误提示。

2.5 数据类型的转换

2.5.1 隐式类型转换

隐式类型转换又称为自动类型转换，当两个运算对象的数据类型不同时，系统就会自动将其中一个运算对象的数据类型转换为另一个运算对象的数据类型，然后再进行运算。

【例2.12】 隐式类型转换举例。

10/4 * 4 和 10//4 * 4 的运算结果如下：

```
>>> 10/4*4
10.0
>>> type(10/4*4)
<class 'float'>
>>> 10//4*4
8
>>> type(10//4*4)
<class 'int'>
```

【解析】 在 Python 中,将进行除法运算的数自动转换为浮点型。例如,在计算 10/4 * 4 时,先将 10 和 4 转换为浮点数,即 10/4 变为 10.0/4.0,再进行除法运算,得到 2.5;再计算 2.5 * 4,得到结果 10.0。

2.5.2 显式类型转换

当隐式类型转换无法满足计算要求时,可以使用显示类型转换,也称为强制类型转换。显式类型转换通过 Python 的内建函数来实现。常用的显式类型转换函数如表 2.10 所示。

表 2.10 常用的显式类型转换函数

函 数 名	描 述	实 例	结 果
ord()	返回字符的 ASCII 码值	ord('A')	65
chr()	返回指定 ASCII 码值的字符	chr(97)	'a'
bin()	将十进制数转换成二进制数	bin(4)	0b100
oct()	将十进制数转换成八进制数	oct(8)	0o10
hex()	将十进制数转换成十六进制数	hex(100)	0x64
int()	取整	int(-2.5) int(2.5)	-2 2
float(x)	将 x 转换为浮点数	float(2)	2.0
complex(real [,imag])	创建一个复数	complex(2,3)	(2+3j)
str()	将数值转化成字符串	str(122.35)	"122.35"

【例 2.13】 转换函数举例。

```
>>>s='15'
>>>s+1
Traceback (most recent call last):
  File "<interactive input>", line 1, in<module>
TypeError: cannot concatenate 'str' and 'int' objects
>>>int(s)+1
16
```

2.6 Python 的关键字和转义符

2.6.1 关键字

关键字又称保留字。Python 的关键字必须写为小写字母。Python 的关键字如下:

and	def	exec	if	not	return
assert	del	finally	import	or	try
break	elif	for	in	pass	while
class	else	from	is	print	with
continue	except	global	lambda	raise	yield

2.6.2 转义符

Python 提供了一种特殊形式的字符常量,即以一个转义标识符"\"(反斜线)开头的字符序列,称为转义符,如表 2.11 所示。

表 2.11 Python 的转义符

转 义 符	描　　　述
\(在行尾时)	续行符
\\	反斜线
\'	单引号
\"	双引号
\a	响铃
\b	退格
\n	换行
\v	纵向制表符
\t	横向制表符
\r	回车
\f	换页
\oyy	用八进制数 yy 表示字符,例如,\o12 代表换行
\xyy	用十六进制数 yy 表示字符,例如,\x0a 代表换行

【例 2.14】 转义符举例。

```
>>> a=1
>>> b=2
>>> c='\101'
>>> print("\t%d\n%d%s\n%d%d\t%s"%(a,b,c,a,b,c))
        1
2A
12      A
```

在 print()函数中,首先遇到第一个\t,它的作用是让光标移动一个制表符的位置,即光标往后移动 8 列,到第 9 列,然后在第 9 列输出变量 a 的值 1。接着遇到第一个\n,表示换行,光标移到下行首列的位置,连续输出变量 b 和 c 的值 2 和 A,其中使用了转义字符常量\101 给变量 c 赋值。接下来遇到第二个\n,光标移到第 3 行的首列,输出变量 a 的值 1 和 b 的值 2。最后遇到第二个\t,光标移到下一个制表符的位置,输出变量 c 的值 A。

2.7 内置函数

2.7.1 数学函数

Python 中的数学函数包含在 math 库中。引入 math 库使用如下命令:

```
import math
```

常用数学函数如表 2.12 所示。

表 2.12 常用数学函数

函 数	描 述	举 例
abs(x)	返回 x 的绝对值	>>> math. abs(−10) 10
ceil(x)	返回 x 的上入整数(即不小于 x 的最小整数)	>>> math. ceil(4.1) 5
exp(x)	返回 e 的 x 次幂	>>> math. exp(1) 2.718281828459045
fabs(x)	返回 x 的绝对值	>>> math. fabs(−10) 10.0
floor(x)	返回 x 的下舍整数(即不大于 x 的最大整数)	>>> math. floor(4.9) 4
log10(x)	返回以 10 为底的 x 的对数	>>> math. log10(100) 2.0
max(x1, x2,…)	返回给定参数的最大值,参数可以是一个序列	>>> math. max (3,5,4) 5
min(x1, x2,…)	返回给定参数的最小值,参数可以是一个序列	>>> math. min([3,5,4]) 3

续表

函 数	描 述	举 例
pow(x, y)	返回 x**y 的值	>>> math. pow(3,2) 9
round(x [,n])	返回浮点数 x 的四舍五入值,n 代表小数点后保留的位数	>>> math. round (4.6) 5
sqrt(x)	返回 x 的平方根	>>> math. sqrt(4) 2.0

2.7.2 随机数函数

Python 中用于生成伪随机数的函数库是 random。引入 random 库使用如下命令:

```
import random
```

random 库包含基本随机数函数和扩展随机数函数两类,基本随机数函数如表 2.13 所示,扩展随机数函数如表 2.14 所示。

表 2.13 基本随机数函数

函 数	描 述	举 例
random()	生成一个[0.0,1.0)内的随机小数	>>> random. random() 0.5714025946899135

表 2.14 扩展随机数函数

函 数	描 述	举 例
randint(a,b)	生成一个[a,b]内的整数	>>> random. randint(10,100) 64
randrange(m, n [,k])	生成一个[m,n)内以 k 为步长的随机整数	>>> random. randrange(10,100,10) 80
getrandbits(k)	生成一个 k 比特(二进制位)长的随机整数	>>> random. getrandbits(16) 37885
uniform(a,b)	生成一个[a,b]内的随机小数	>>> random. uniform(10,100) 11.3349201422
choice(seq)	从序列 seq 中随机选择一个元素	>>> random. choice([1,2,3,4,5,6,7,8,9]) 8

shuffle(seq)	将序列 seq 中的元素随机排列,返回打乱后的序列	>>> s=[1,2,3,4,5,6,7,8,9]
		>>> random. shuffle(s)
		>>> s
		[9,4,6,3,5,2,8,7,1]

2.7.3 时间函数

time 库是 Python 中处理时间的函数库。引入 time 库的命令如下：

```
import time
```

time 库包含时间获取、时间格式化和程序计时应用 3 类函数。

1. 时间获取函数

时间获取函数如表 2.15 所示。

表 2.15 时间获取函数

函 数	描 述	举 例
time()	获取当前时间，返回浮点数	>>> time.time() 1516939876.6022282
ctime()	获取当前时间并以易读方式表示，返回字符串	>>> time.ctime() 'Fri Jan 26 12:11:16 2018'
gmtime()	获取当前时间，表示为计算机可处理的时间格式	>>> time.gmtime() time.struct_time(tm_year=2018, tm_mon=1, tm_mday=26, tm_hour=4, tm_min=11, tm_sec=16, tm_wday=4, tm_yday=26, tm_isdst=0)

2. 时间格式化函数

函数 strftime(tpl,ts)用于时间的格式化。参数如下：
(1) tpl 是格式化模板字符串，用来定义输出效果。
(2) ts 是计算机内部时间类型变量。
例如：

```
>>> t=time.gmtime()
>>> time.strftime("%Y-%m-%d %H:%M:%S",t)
'2018-01-26 12:55:20'
```

函数 strftime(tpl,ts)的格式化字符串的含义如表 2.16 所示。

表 2.16 时间格式化函数的格式化字符串的含义

格式化字符串	描 述	值范围	举 例
%Y	年	0000~9999	1900
%m	月	01~12	10
%B	月的名称	January~December	April
%b	月的名称缩写	Jan~Dec	Apr

续表

格式化字符串	描　　述	值范围	举　　例
%d	日	01～31	25
%A	星期	Monday～Sunday	Wednesday
%a	星期缩写	Mon～Sun	Wed
%H	小时(24h 制)	00～23	12
%h	小时(12h 制)	01～12	7
%p	上午/下午	AM,PM	PM
%M	分	00～59	26
%S	秒	00～59	26

3. 程序计时应用函数

程序计时应用函数如表 2.17 所示。

表 2.17　程序计时应用函数

函　　数	描　　述	举　　例

perf_counter()	返回一个 CPU 级别的精确时间计数值,单位为秒。由于这个计数值起点不确定,连续调用并取差值才有意义	>>> start＝time.perf_counter()
		318.66599499718114
		>>> end＝time.perf_counter()
		341.3905185375658
		>>> end-start
		22.724523540384666

sleep(s)	s 为休眠的时间,单位是秒,可以是浮点数	>>> def wait():
		time.sleep(3.3)
		>>> wait()　　♯程序将等待 3.3s 后再退出

2.8　习题

1. 选择正确的选项。

(1) 不能正确表达数学关系 10＜a＜15 的 Python 表达式是(　　　)。

　　A. 10＜a＜15

　　B. a＝11 or a＝12 or a＝13 or a＝14

　　C. a＞10 and a＜15

　　D. 10＜a or a＜15

(2) 表达式 5/4 * 6%5//2 的输出结果是(　　　)。

　　A. 1　　　　　　　B. 10　　　　　　　C. True　　　　　　D. 5

（3）与关系表达式 x＝＝0 等价的表达式是(　　)。

    A. x=0　　　　　　B. not x　　　　　　C. x　　　　　　D. x!＝1

（4）下列表达式中,值不是 1 的是(　　)。

    A. 4//3　　　　　　B. 15%2　　　　　　C. 1^0　　　　　　D. ~1

（5）用 X、Y、Z 表示三角形的 3 条边,"三角形任意两边和大于第三边"的布尔表达式用 Python 表达式可表示为(　　)。

    A. X＋Y＞Z and X＋Z＞Y and Y＋Z＞X

    B. X＋Y＞Z or X＋Z＞Y or Y＋Z＞X

    C. X＋Y＞Z

    D. X＋Y＞Z or X＋Z＞Y

2. 给出以下表达式的结果。

（1）5%3＋3//5 * 2

（2）int (1234.5678 * 10＋0.5)%100

（3）3＋4＞5 and 5＝＝6

（4）!(4＝＝6) and 5＋7/2 or 0

（5）7%3＋6 * 4-4/5

3. 用 Python 表达式来表示以下句子。

（1）将整数 k 转换为实数。

（2）求实数的小数部分。

（3）求正整数 m 的百位数字。

（4）随机产生一个 8 位数,每位数字是 1~6 的任意整数。

第 3 章 组合数据类型

组合数据类型包括序列、字典和集合。序列是程序设计中经常使用的数据存储方式，包括列表、元组和字符串，具有顺序编号的特征。本章首先介绍序列的功能和操作。其次，介绍字典和集合两种数据类型的功能和常用操作。最后，给出数据类型转换的相关知识。

3.1 列表

3.1.1 定义

列表(list)是 Python 中使用最频繁的数据类型。列表中的每一个数据称为元素，元素用逗号分隔，所有元素放在一对中括号"[ ]"中，列表可以认为是下标从 0 开始的数组。列表可以包含混合类型的数据，即一个列表中元素的数据类型可以各不相同。

例如：

```
[10, 20, 30, 40]                #所有元素都是整型数据的列表
[' frog', 'cat', 'dog']         #所有元素都是字符串的列表
['apple', 2.0, 5, [10, 20],True] #列表中包含字符串、实型、整型、列表、布尔型
```

Python 创建列表时，解释器在内存中生成一个类似数组的
数据结构，自下而上存储各元素，如图 3.1 所示。

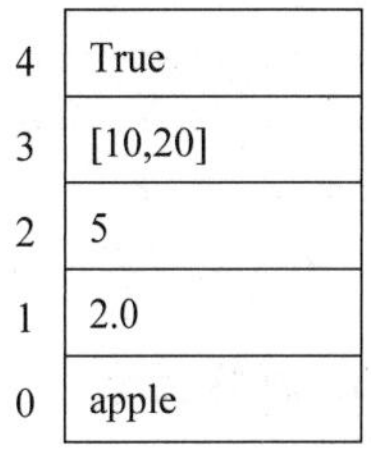

下面介绍列表的操作。

4	True
3	[10,20]
2	5
1	2.0
0	apple

图 3.1 列表存储方式

1. 创建列表

使用＝将一个列表赋值给变量。例如：

```
>>>a_list=['a', 'b', 'c']
```

2. 读取元素

用列表名加元素序号访问列表中的某个元素。例如：

```
>>>a_list=['a', 'b', 'c']
>>>print(a_list[2])
c
```

3. 修改元素

修改列表中的某一元素时，只须直接给元素赋值即可。例如：

```
>>>a_list=['a', 'b', 'c']
>>>a_list[0]=123
>>>print a_list
[123, 'b', 'c']
```

4. 增加元素

方法一：使用＋将一个新列表附加在原列表的尾部。例如：

```
>>>a_list=[1]
>>>a_list=a_list+['a', 2.0]
>>>a_list
[1, 'a', 2.0]
```

方法二：使用 append()方法向列表尾部添加一个新元素。例如：

```
>>>a_list=[1, 'a', 2.0]
>>>a_list.append(True)
>>>a_list
[1, 'a', 2.0, True]
```

方法三：使用 extend()方法将一个列表添加在原列表的尾部。例如：

```
>>>a_list=[1, 'a', 2.0, True]
>>>a_list.extend(['x', 4])
>>>a_list
[1, 'a', 2.0, True, 'x', 4]
```

方法四：使用 insert()方法将一个元素插入到列表的任意位置。例如：

```
>>>a_list=[1, 'a', 2.0, True, 'x', 4]
>>>a_list.insert(0, 'x')
>>>a_list
['x', 1, 'a', 2.0, True, 'x', 4]
```

5. 删除元素

方法一：使用 del 语句删除某个特定位置的元素。例如：

```
>>>a_list=['x', 1, 'a', 2.0, True, 'x', 4]
>>>del a_list[1]
>>>a_list
['x', 'a', 2.0, True, 'x', 4]
```

方法二：使用 remove()方法删除某个特定值的元素。例如：

```
>>>a_list=['x', 'a', 2.0, True, 'x', 4]
>>>a_list.remove('x')
>>>a_list
['a', 2.0, True, 'x', 4]
```

```
>>>a_list.remove('x')
>>>a_list
['a', 2.0, True, 4]
>>>a_list.remove('x')
Traceback (most recent call last):
  File "<stdin>", line 1, in<module>
ValueError: list.remove(x): x not in list
```

方法三：使用 pop()方法弹出指定位置的元素,省略参数时弹出最后一个元素。
例如：

```
>>>a_list=['a', 2.0, True, 4]
>>>a_list.pop()
4
>>>a_list
['a', 2.0, True]
>>>a_list.pop(1)
2.0
>>>a_list
['a', True]
>>>a_list.pop(1)
True
>>>a_list
['a']
>>>a_list.pop()
'a'
>>>a_list
[ ]
>>>a_list.pop()
Traceback (most recent call last):
  File "<stdin>", line 1, in<module>
IndexError: pop from empty list
```

列表函数如表 3.1 所示。

表 3.1 列表函数

函　　数	描　　述
alist. append(obj)	在列表末尾增加元素 obj
alist. count(obj)	统计元素 obj 的出现次数
alist. extend(sequence)	用 sequence 扩展列表
alist. index(obj)	返回列表中元素 obj 的索引
alist. insert(index,obj)	在下标 index 指定的位置之前添加元素 obj
alist. pop(index)	删除指定下标的元素
alist. remove(obj)	删除指定元素

3.1.2 列表的成员运算符、索引和切片

成员运算符用于判断列表中是否含有特定元素。索引用于获取列表中的特定元素。切片用于获取列表中的多个元素。

1. 成员运算符

成员运算符 in 和 not in 用于判断某个元素是否属于列表。

【例 3.1】 成员运算符举例。

```
>>>l1=[1,1.3,"a"]
>>>1.3 in l1
True
>>>2 in l1
False
>>>2 not in l1
True
```

2. 索引

列表中的每个元素被分配一个序号,即元素的位置,称为索引(index)。索引一般从左至右计数,依次是 0,1,2,…。索引也可以从右向左计数,称为负数索引,依次是 -1,-2,-3,…。

【例 3.2】 索引举例。

```
>>>l1=[1,1.3,"a"]
>>>l1[0]
1
>>>l1[-1]
'a'
```

注意:列表的索引从 0 开始计数。

3. 切片

切片(slice)是指使用列表序号截取其中的一部分而得到的新列表。切片操作是在[]内给出用冒号分隔的两个数字,冒号前的数字表示切片的开始位置,冒号后的数字表示切片的截止位置(但不包含该位置)。

注意:数字是可选的,而冒号是必需的。开始位置包含在切片中,而结束位置不包含在切片中。

【例 3.3】 切片举例。

```
>>>l1=[1,1.3,"a"]
```

```
>>>l1[1:2]        #取出位置从 1 开始到位置为 2 的字符,但不包含位置为 2 的元素
[1.3]
>>>l1[:2]         #不指定开始位置,切片从第一个元素开始,直到 (但不包含) 位置为 2 的元素
[1, 1.3]
>>>l1[1:]         #不指定截止位置,从位置为 1 直到列表末尾的元素
[1.3, 'a']
>>>l1[:]          #两个数字都不指定,则返回整个列表
[1, 1.3, 'a']
```

3.1.3 操作方法

列表的操作方法主要有并、差、交和乘法。

1. 并

两个列表可以进行并操作。

【例 3.4】 并操作举例。

```
>>>l1=[1,1.3,"a"]
>>>l2=["d",['one','two']]
>>>l1+l2
[1, 1.3, 'a', 'd', ['one', 'two']]
```

2. 差

两个列表可以进行差操作。

【例 3.5】 差操作举例。

```
>>> b1=[1,2,3]
>>> b2=[2,3,4]
>>> b1-b2
Traceback (most recent call last):
  File "<stdin>", line 1, in <module>
TypeError: unsupported operand type(s) for -: 'list' and 'list'
```

可以看出,Python 不支持在列表的差操作中使用减号,列表的减法属于集合的差运算,方法如下:

```
>>> b1=[1,2,3]
>>> b2=[2,3,4]
>>> b3=[val for val in b1 if val not in b2]
>>> print(b3)
[1]
```

3. 交

两个列表可以进行交操作。

【例 3.6】 交操作举例。

```
>>>b1=[1,2,3]
```

```
>>>b2=[2,3,4]
>>>b3=[val for val in b1 if val in b2]
>>>print (b3)
>>>[2, 3]
```

4. 乘法

列表的乘法表示将原来的列表重复多次。

【例 3.7】 乘法举例。

```
>>>l1=[1,1.3,"a"]
>>>l1 * 3
[1, 1.3, 'a', 1, 1.3, 'a', 1, 1.3, 'a']
```

3.1.4 操作函数

列表的操作函数包括求序列长度的 len()、求最大值的 max()、求最小值的 min()、求和的 sum()等。

1. len(seq)

功能：求出列表所包含的元素个数。

【例 3.8】 len()举例。

```
>>>l1=[1,5,9]
>>>len(l1)
3
```

2. min(seq)

功能：求出列表中的最小值。

【例 3.9】 min()举例。

```
>>>l1=[1,5,9]
>>> min(l1)
1
```

3. max(seq)

功能：求出列表中的最大值。

【例 3.10】 max()举例。

```
>>>l1=[1,5,9]
>>>max(l1)
9
```

4. sum(seq[index1,index2])

功能：求出列表中切片元素的和。该函数要求切片中的元素必须是数值。

【例 3.11】 sum()举例。

```
>>>l1=[1,5,9]
>>>sum(l1[0:3])
15
```

5. reverse()

功能：将列表中的元素逆序存放。

【例 3.12】 reverse()举例。

```
>>>l1=[1,5,9]
>>>l1. reverse ()
>>>l1
[9,5,1]
```

列表的操作函数如表 3.2 所示。

表 3.2 列表的操作函数

函 数	描 述	函 数	描 述
len()	求列表所包含的元素个数	sum()	求列表中切片元素的和
min()	求列表中的最小值	alist. reverse()	将列表元素逆序存放
max()	求列表中的最大值	alist. sort()	对列表元素排序

3.2 元组

3.2.1 定义

元组(tuple)和列表类似，但其元素不可变，即元组一旦创建，就不可以修改其元素，因此元组相当于只读列表。元组与列表有如下不同点：

(1) 元组在定义时，所有元素放在一对小括号中。

(2) 不能向元组中增加元素，元组没有 append()、insert() 或 extend() 方法。

(3) 不能从元组中删除元素，元组没有 remove() 或 pop() 方法。

(4) 元组没有 index() 方法，但是可以使用 in 运算符。

(5) 元组可以在字典中用作"键"，但是列表不行。

元组适合存放只须进行遍历操作的数据，它可以对数据进行"写保护"。元组的操作速度比列表快。

3.2.2 操作方法

1. 创建元组

使用赋值运算符＝将一个元组赋值给变量，即可创建元组对象。

```
>>>tup1=('a', 'b', 1997, 2000)
>>>tup2=(1, 2, 3, 4, 5, 6, 7)
```

当创建只包含一个元素的元组时，需要注意它的特殊性。此时，只把元素放在小括号里是不行的，这是因为小括号既可以表示元组，又可以表示数学公式中的括号，从而会产生歧义。因此，Python 规定：需在元素的后面加一个逗号"，"。

```
>>>x=(1)
>>>x
1
>>>y=(1,)
>>>y
(1,)
>>>z=(1,2)
>>>z
(1, 2)
```

2. 访问元组

可以使用下标访问元组中的元素。

```
>>>tup1=('a', 'b', 1997, 2000)
>>>tup2=(1, 2, 3, 4, 5, 6, 7 )
>>>print("tup1[0]: ", tup1[0] )
tup1[0]:  a
>>>print("tup2[1:5]: ", tup2[1:5] )
tup2[1:5]: (2, 3, 4, 5)
```

3. 元组连接

元组可以进行连接操作。

```
>>>tup1=(12, 34.56)
>>>tup2=('abc', 'xyz')
#tup1[0]=100                 #修改元组元素的操作非法
>>>tup3=tup1+tup2;           #创建一个新的元组
>>>print(tup3)
(12, 34.56, 'abc', 'xyz')
```

4. 删除元组

元组中的元素值是不允许删除的,但可以使用 del 语句删除整个元组。

```
>>>tup=('physics', 'chemistry', 1997, 2000)
>>>del tup[1]
Traceback (most recent call last):
  File "<stdin>", line 1, in<module>
TypeError: 'tuple' objext doesn't support item  deletion
>>>del tup
>>>print(tup)
Traceback (most recent call last):
  File "<stdin>", line 1, in<module>
NameError: name 'tup' is not defined
```

元组的操作函数如表 3.3 所示。

表 3.3 元组的操作函数

函　数	描　　述	函　数	描　　述
len(tuple)	求元组所包含的元素个数	max(tuple)	求元组中的最大值
min(tuple)	求元组中的最小值	sum(tuple)	求元组中切片元素的和

3.3 字符串

3.3.1 操作函数

字符串(string)在前面已经作了简单的介绍。字符串与列表和元组都是序列,其操作函数如表 3.4 所示。

表 3.4 字符串操作函数

函　　数	描　　述
s. index(sub,[start, end])	返回子串 sub 在 s 里第一次出现的位置
s. find(sub,[start,end])	与 index 函数一样,但如果找不到会返回 -1
s. replace(old, new [,count])	将 s 里所有 old 子串替换为 new 子串,count 指定替换多少个子串
s. count(sub[,start,end])	统计 s 里有多少个 sub 子串
s. split()	用分隔符将字符串分开,默认分隔符是空格
s. join()	该函数是 split() 函数的逆函数,用来把字符串连接起来
s. lower()	将字符串中的大写字母变成小写字母
s. upper()	将字符串中的小写字母变成大写字母
sep. join(sequence)	把 sequence 的元素用连接符 sep 连接起来

下面通过实例介绍字符串的操作。

(1) index()举例。

```
>>>s="Python"
>>>s.index('P')
0
>>>s.index('h',1,4)
3
>>>s.index('y',3,4)
Traceback (most recent call last):
  File "<stdin>", line 1, in<module>
ValueError: substring not found
>>>s.index('h',3,4)
3
```

(2) find()举例。

```
>>>s="Python"
>>>s.find('s')
-1
>>>s.find('t',1)
2
```

(3) replace()举例。

```
>>>s="Python"
>>>s.replace('h','i')
'Pytion'
```

(4) count()举例。

```
>>>s="Python"
>>>s.count('n')
1
```

(5) split()举例。

```
>>>s="Python"
>>>s.split()
['Python']
>>>s="hello Python i like it"
>>>s.split()
['hello', 'Python', 'i', 'like', 'it']
>>>s='name:zhou,age:20|name:python,age:30|name:wang,age:55'
>>>print(s.split('|') )
['name:zhou,age:20','name:python,age:30','name:wang,age:55']
>>>x,y=s.split('|',1)
>>>print(x)
```

```
name:haha,age:20
>>>print(y)
name:python,age:30|name:fef,age:55
```

（6）join()举例。

```
>>>li=['apple','peach','banana','pear']
>>>sep=','
>>>s=sep.join(li)                #连接列表元素
>>>s
'apple,peach,banana,pear'
>>>s5=("Hello","World")
>>>sep=""
>>>sep.join(s5)                  #连接元组元素
'HelloWorld'
```

3.3.2 字符串举例

【例3.13】 输入一段字符，统计其中单词的个数，单词之间用空格分隔。

【解析】 一个不含空格字符的字符串就是一个单词。将连续的若干个空格看作一个空格，因此，单词的个数可以由空格数来决定。如果当前字符不是空格，而它的前一个字符是空格，便认为是新单词的开始，累计单词个数的变量加1；如果当前字符不是空格，而它的前一个字符也不是空格，则认为是当前单词的继续，累计单词个数的变量保持不变。

代码如下：

```
str=input("请输入一串字符:")
flag=0
count=0
for c in str:
    if c==" ":
        flag=0
    else:
        if flag==0:
            flag=1
            count=count+1
print("共有%d个单词"%count)
```

程序运行结果如下：

```
请输入一串字符:Python is an object-oriented programming language
共有 6 个单词
```

【例3.14】 输入一行字符，分别统计其中英文字母、空格、数字和其他字符的个数。

【解析】 根据字符串中每个字符的 ASCII 码值判断其类型。数字 0～9 对应的

ASCII 码值为 48~57,大写字母 A~Z 对应的 ASCII 码值为 65~90,小写字母 a~z 对应的 ASCII 码值为 97~122。使用 ord()函数将字符转换为 ASCII 码值。可以先找出各类型的字符,放到不同的列表中,再分别计算各个列表的长度。

代码如下:

```python
a_list=list(input('请输入一行字符: '))
letter=[]
space=[]
number=[]
other=[]
for i in range(len(a_list)):
    if ord(a_list[i]) in range(65, 91) or ord(a_list[i]) in range(97,123):
        letter.append(a_list[i])
    elif a_list[i]==' ':
        space.append(' ')
    elif ord(a_list[i]) in range(48, 58):
        number.append(a_list[i])
    else:
        other.append(a_list[i])
print('英文字母个数: %s' %len(letter))
print('空格个数: %s' %len(apace))
print('数字个数: %s' %len(number))
print('其他字符个数: %s' %len(other))
```

程序运行结果如下:

```
请输入一行字符: Python 3.5.2 中文版
英文字母个数: 6
空格个数: 1
数字个数: 3
其他字符个数: 5
```

3.4 字典

3.4.1 定义

【例 3.15】 根据学生的名字查找对应的成绩。

【解析】 本例采用列表实现,则需要 names 和 scores 两个列表,并且两个列表中元素的次序一一对应,例如 zhou→95,Bob→75,如下所示:

```python
names=['zhou', 'Bob', 'Tracy']
scores=[95, 75, 85]
```

通过名字查找对应成绩,先遍历 names 找到指定的名字,再遍历 scores 取出对应的成绩,查找时间随着列表的长度增加。为了解决这个问题,Python 提供了字典。

字典(dict)在其他程序设计语言中称为映射(map),通过键值对(key-value)存储数据,键和值之间用冒号分隔,键值对之间用逗号分隔,字典用一对大括号括起来。字典的语法结构如下:

```
dict_name={key:value,key:value}
```

字典有如下特性:

(1) 字典的值可以是任意数据类型,包括字符串、整数、对象,甚至可以是字典。

(2) 键值对没有顺序。

(3) 键必须是唯一的,不允许同一个键重复出现。如果同一个键被赋值两次,后一个值会覆盖前一个值。例如:

```
>>>dict={'Name': 'Zara', 'Age': 7, 'Name': 'Zhou'}
dict['Name']: Zhou
```

(4) 键不可变,只能使用数字、字符串或元组,不能使用列表。例如:

```
>>> dict = {['Name']: 'Zhou', 'Age': 7}
Traceback (most recent call last):
  File "<stdin>", line 1, in <module>
TypeError: unhashable type: 'list'
```

这是因为字典根据键来计算值的存储位置,如果每次计算相同的键得出的结果不同,字典内部就完全混乱了。这个通过键计算位置的算法称为哈希(hash)算法。为了保证哈希算法的正确性,键就不能变。在 Python 中,字符串、整数等都是不可变的,而列表是可变的,因此,列表不能作为键。

字典与列表比较,有以下几个特点:

(1) 字典通过用空间来换取时间,其查找和插入的速度极快,运行时间不会随着键的增加而增加。

(2) 字典需要占用大量的内存。

(3) 字典是无序的对象集合,字典中的元素(即值)是通过键来存取的,而不是通过下标(索引)来存取的。

采用字典实现上面的例子,则只须创建"名字"和"成绩"的键值对,便可直接通过名字查找成绩。字典实现代码如下:

```
>>>d={'zhou': 95, 'Bob': 75, 'Tracy': 85}
>>>d['zhou']
95
```

3.4.2 字典操作

下面介绍字典元素的访问、删除、修改、增加等相关操作。

1. 字典元素的访问

(1) keys()函数返回一个包含所有键的列表。例如：

```
>>>dict={'zhou': 95, 'Bob': 75, 'Tracy': 85}
>>>dict.keys()
['Bob', 'Tracy', 'zhou']
```

(2) has_key()函数检查字典中是否存在某一键。例如：

```
>>>dict={'zhou': 95, 'Bob': 75, 'Tracy': 85}
>>>dict.has_key('zhou')
True
```

(3) values()函数返回一个包含所有值的列表。例如：

```
>>>dict={'zhou': 95, 'Bob': 75, 'Tracy': 85}
>>>dict.values()
[75, 85, 95]
```

(4) get()函数根据键返回值。如果不存在输入的键,则返回 None。例如：

```
>>>dict={'zhou': 95, 'Bob': 75, 'Tracy': 85}
>>>dict.get('Bob')
75
```

(5) items()函数返回一个由形如(key ,value)的键值对组成的元组。例如：

```
>>>dict={'zhou': 95, 'Bob': 75, 'Tracy': 85}
>>>dict.items()
[('Bob', 75), ('Tracy', 85), ('zhou', 95)]
```

(6) in 运算符用于判断某个键是否在字典里,对于值不适用。例如：

```
>>>tel1={'gree':5127, 'pang':6008}
>>>'gree'  in tel1
True
```

(7) copy()函数用于复制字典。例如：

```
>>>stu1={'zhou': 95, 'Bob': 75, 'Tracy': 85}
>>>stu2=stu1.copy()
>>>print(stu2)
{'zhou': 95, 'Bob': 75, 'Tracy': 85}
```

2. 字典元素的删除

(1) del()函数用于从字典中删除指定键的元素。例如：

```
>>>dict={'zhou': 95, 'Bob': 75, 'Tracy': 85}
```

```
>>>del dict['zhou']
>>>print(dict)
{'Bob': 75, 'Tracy': 85}
```

（2）clear()函数用于清除字典中的所有元素。例如：

```
>>>dict={'zhou': 95, 'Bob': 75, 'Tracy': 85}
>>>dict.clear()
>>>dict
{}
```

（3）pop()函数用于删除一个关键字并返回它的值。例如：

```
>>>dict={'zhou': 95, 'Bob': 75, 'Tracy': 85}
>>>dict.pop('zhou')
95
>>>print(dict)
{'Bob': 75, 'Tracy': 85}
```

3. 字典元素的修改

update()函数类似于合并,可以把一个字典的键和值合并到另一个字典中,覆盖相同键的值。例如：

```
>>>tel={'gree': 4127, 'mark': 4127, 'jack': 4098}
>>>tel1={'gree':5127, 'pang':6008}
>>>tel.update(tel1)
>>>tel
{'gree': 5127, 'pang': 6008, 'jack': 4098, 'mark': 4127}
```

4. 字典元素的增加

通过直接给指定键的字典元素赋值就可以增加字典元素。例如：

```
>>>stu={'1': 95, '2': 75, '3': 85}
>>>stu['4']=99
>>>print(stu)
{'1': 95, '2': 75, '3': 85,'4':99}
```

字典的操作函数如表3.5所示。

表 3.5　字典的操作函数

函　　数	描　　述	函　　数	描　　述
aDic.clear()	删除字典中的所有元素	aDic.items()	返回字典的键、值对应表
aDic.copy()	返回字典的副本	aDic.keys()	返回字典键的列表
aDic.get(key)	返回字典的键	aDic.pop(key)	删除并返回给定的键
aDic.has_key(key)	检查字典是否有给定的键	aDic.values()	返回字典值的列表

3.5 集合

3.5.1 定义

集合(set)是一个无序的不重复元素集,其基本功能包括关系测试和消除重复元素。集合的操作函数如表 3.6 所示。

表 3.6 集合的操作函数

函　　数	描　　述
s.add(x)	将元素 x 添加到集合 s 中
s.remove(x)	从集合 s 中删除元素 x
s.clear()	移除集合 s 中的所有元素
s.copy()	将 s 里所有 old 子串替换为 new 子串,count 指定替换多少个子串
s.count(sub[,start,end])	统计 s 里有多少个 sub 子串
s.split()	使用分隔符划分字符串。默认分隔符是空格。如果没有分隔符,就把整个字符串作为列表的一个元素
s.join()	该方法是 split()方法的逆方法,用来把字符串连接起来
s.lower()	将字符串中的大写字母变成小写字母
s.upper()	将字符串中的小写字母变成大写字母

3.5.2 集合操作

下面介绍集合的相关操作。

(1) 创建集合。例如:

```
>>> s=set([1,2,3])
>>> s
{1, 2, 3}
```

重复的元素在集合中被自动过滤。例如:

```
>>> s=set([1,3,2,2,2,3])
>>> s
{1, 2, 3}
```

(2) 访问集合。集合本身无序,无法进行索引和切片操作,只能使用 in、not in 或者循环遍历来访问或判断集合元素。例如:

```
>>> a_set=set(['python',2018])
>>> a_set
{2018, 'python'}
>>> 2018 in a_set
True
>>> for i in a_set:
...     print(i,end='')
...
2018python>>>
```

（3）删除集合。使用 del 语句删除集合。例如：

```
>>> a_set=set(['python',2018])
>>> del a_set
>>> a_set
Traceback (most recent call last):
  File "<stdin>", line 1, in <module>
NameError: name 'a_set' is not defined
```

（4）给集合中添加元素。使用 add 语句添加元素。例如：

```
>>> a_set=set(['python',2018])
>>> a_set.add(29.5)
>>> a_set
{2018, 29.5, 'python'}
```

（5）从集合中删除元素。从集合中删除元素的函数有 remove()、pop() 和 clear()。
例如：

```
>>> a_set=set(['python',2018])
>>> a_set.remove(2018)
>>> a_set
{'python'}
```

```
>>> a_set=set(['python',2018])
>>> a_set.pop()
2018
>>> a_set
{'python'}
```

```
>>> a_set=set(['python',2018])
>>> a_set.clear()
>>> a_set
set()
```

3.5.3 集合运算

Python 提供了集合的并、交、差和对称差运算。

（1）差运算"-"用于求出两个集合的差集。

（2）并运算"|"用于求出两个集合的并集。

（3）交运算"&"用于求出两个集合的交集。

（4）对称差运算"^"用于求出两个集合中不同时存在（即只存在于一个集合中）的
元素。

【例 3.16】 集合运算举例。

```
>>> a=set([1,2,3])
>>> b=set([2,3,4])
>>> a-b
{1}
>>> a|b
{1, 2, 3, 4}
>>> a&b
{2, 3}
>>> a^b
{1, 4}
```

3.6 数据类型转换

列表、元组、字符串等序列数据类型之间的转换通过表 3.7 所示的函数实现。

表 3.7 序列数据类型转换函数

函　数	描　述	举　例
eval(x)	将字符串 x 当作有效表达式求值,并返回计算结果	>>> eval ("12") 12
tuple(s)	将序列 s 转换为元组	>>> tuple([1,2,3]) (1,2,3)
list(s)	将序列 s 转换为列表	>>> list((1,2,3)) [1,2,3]

set(s)	将序列 s 转换为集合	>>> set([1,4,2,4,3,5])
		{1,2,3,4,5}
		>>> set({1:'a',2:'b',3:'c'})
		{1,2,3}

dict(d)	创建字典	>>> dict([('a', 1), ('b', 2), ('c', 3)]) {'a':1, 'b':2, 'c':3}

3.7 习题

1. 填空。

(1) 表达式[3] in [1,2,3,4]的值为_____。

(2) 列表对象的_____函数删除首次出现的指定元素。如果列表中不存在要删除的元素,则抛出异常。

(3) 假设列表对象 aList 的值为[3,4,5,6,7,9,11,13,15,17],那么切片 aList[3:7] 得到的值是_____。

(4) 在 Python 中,字典和集合都是用一对_____作为界定符。字典的每个元素由_____和_____两部分组成,其中,_____不允许重复。

（5）使用字典的_____函数可以返回字典的键值对。使用字典的_____函数可以返回字典的键。使用字典的_____函数可以返回字典的值。

（6）已知 strSource＝'code that change world',使用字符串操作函数 strip()、lstrip()、rstrip()、split()、count()实现如下功能：

① 将 strSource 用空格分隔成由字符串组成的列表。

_____。

② 将 strSource 用空格分隔成由字符串组成的列表且字符串的首尾不包含't'.

_____。

③ 将 strSource 首尾的空格去掉。

_____。

④ 将 strSource 首尾的'c'去掉。

_____。

⑤ 将 strSource 左边的空格去掉。

_____。

⑥ 将 strSource 左边的'c'去掉。

_____。

⑦ 统计 strSource 中'code'出现的次数。

_____。

2. 选择正确的选项。

（1）以下关于元组的描述中正确的是（　　）。

　　A. 可以用 tup＝()创建元组 tup　　　　B. 可以用 tup＝(50)创建元组 tup

　　C. 元组中的元素允许修改　　　　　　 D. 元组中的元素允许删除

（2）以下语句的运行结果是（　　）。

```
>>>python="Python"
>>>print("study"+python)
```

　　A. study python　　　　　　　　　　 B. "study"python

　　C. study Python　　　　　　　　　　 D. 语法错误

（3）以下关于字典的描述中错误的是（　　）。

　　A. 字典是一种可变容器,可以存储任何类型的对象

　　B. 每个键值对中的键和值用冒号隔开,键值对之间用逗号隔开

　　C. 键值对中,值必须唯一

　　D. 键值对中,键必须不可变

（4）以下不能创建字典的语句是（　　）。

　　A. dict1＝{ }　　　　　　　　　　　 B. dict2＝{ 3:5 }

　　C. dict3＝{[1,2,3]:"abcd"}　　　　　 D. dict4＝{ (1,2,3):"abcd" }

3. 编程。

（1）在列表中输入多个数据作为圆的半径,得出圆的面积。

（2）有如下列表：

```
nums=[2,7,11,15,1,8,7]
```

找到列表中和等于 9 的元素对的集合，以[(2,7),(1,8)]的形式输出。

（3）输入一段英文文本，求它的长度，并求出它包含多少个单词。

（4）任意输入 10 个学生的姓名和成绩构成字典，按照成绩从高到低排序。

（5）任意输入 10 个学生的姓名和年龄构成字典，读出其键和值，保存输出到两个列表中。

（6）任意输入一串字符，输出其中包含的所有各不相同的字符及其个数。例如，输入 abcdefgabc，输出为

```
a->2,b->2,c->2,d->1,e->1,f->1,g->1
```

第 4 章 顺序与选择结构

本章首先介绍 Python 程序设计流程、算法的 5 个特性、算法学习的 3 个阶段以及程序流程图。其次,重点讲解两种基本控制结构:顺序结构和选择结构。顺序结构是程序按照代码出现的先后次序执行,选择结构是用来实现逻辑判断功能的重要手段。

4.1 程序设计流程

Python 程序设计一般分为如下 5 个步骤,如图 4.1 所示。

步骤 1:分析问题,找出解决问题的关键之处。

步骤 2:找出解决问题的算法,确定算法的步骤。

步骤 3:将算法转换为程序流程图,用于描绘问题的解决步骤。

步骤 4:根据程序流程图编写符合 Python 语法的代码。

步骤 5:调试程序,纠正错误,修改程序,运行程序。

4.1.1 算法

著名计算机科学家沃思提出了一个公式:程序＝数据结构＋算法。其中,算法解决如何操作数据的问题;数据结构解决如何描述数据的问题,是指定数据类型和数据的组织形式。Python 提供了列表、元组、字符串、字典和集合等数据类型。

图 4.1 Python 程序设计流程

算法是对符合一定规范的输入进行处理,在有限时间内获得所需的输出的整个过程,算法与具体的程序语言无关,一般具备以下 5 个特性:

(1)确定性。算法的每个步骤都是确定的,没有歧义性。

(2)可行性。算法的每个步骤都必须满足利用计算机语言能够有效执行、可以实现的要求,并可得到确定的结果。

(3)有穷性。算法包含的步骤必须是有限的,并在一个合理的时间限度内可以执行完毕,不能无休止地执行下去。例如计算圆周率,只能精确到有限的位。

(4)输入性。由于算法的操作对象是数据,因此应在执行操作前输入数据。执行算法时可以有多个输入,也可以没有输入。

(5)输出性。算法的目的是解决问题,必须提供相应的输出。

好的算法通常从下面几个方面衡量:

（1）正确性。算法能满足解决问题的要求，即对任何合法的输入，算法都会得出正确的结果。

（2）可读性。指算法被理解的难易程度。算法主要是为了人的阅读与交流，因此算法应该易于理解。另一方面，晦涩难读的算法容易隐藏较多错误而难以发现。

（3）健壮性。又称为鲁棒性，是指对非法输入造成的错误的抵御能力。当输入的数据非法时，处理出错的方法不应是中断程序的执行，而是返回一个表示具体错误或错误性质的值。

（4）高效率与低存储量需求。通常，效率指的是算法执行时间，存储量指的是算法执行过程中所需的最大存储空间，两者都与问题的规模有关。

【例 4.1】 从键盘上输入三角形的 3 条边，求三角形面积。

【解析】 其算法步骤如下。

步骤 1：从键盘上任意输入 3 个整数，用 a、b、c 存储。

步骤 2：判断 a、b、c 是否符合三角形 3 条边的性质——两边之和大于第三边。

步骤 3：如果符合上述性质，则先求出周长的一半，s＝(a＋b＋c)/2，然后调用海伦公式求出三角形面积 area：

$$area = \sqrt{s(s-a)(s-b)(s-c)}$$

步骤 4：输出 area。

下面分析该算法的 5 个特性。

（1）确定性。该算法共有 4 个步骤，每个步骤都有确定的含义，没有歧义性。

（2）可行性。每个步骤都可以用 Python 实现。

（3）有穷性。该算法只有 4 个步骤，是有限的。

（4）输入性。有 3 个输入，a、b、c 分别代表三角形的 3 条边。

（5）输出性。有一个输出，area 代表三角形的面积。

Python 语言的学习大致分为以下两个方面：

（1）Python 语言本身的语法以及编程环境的学习。

（2）算法的学习。

算法学习可以分为如下 3 个阶段：

第一阶段——算法基础学习阶段，学习基本的算法和程序设计方法，如查找、排序、递归程序设计等。典型的课程是"数据结构"。

第二阶段——算法提高学习阶段，学习一些重要的算法设计方法，如分治法、动态规划法、贪心法、回溯法等，理解算法的时间和空间复杂性以及复杂性分析等重要概念。典型的课程是"算法设计与分析"。

第三阶段——算法高级学习阶段，学习工程应用中与数据智能处理相关的一些重要算法和模型，主要包括最优化方法（如梯度下降法）、蚁群算法、聚类算法、遗传算法、神经网络算法等。典型的课程是"工程最优化方法""模式识别"和"人工智能"等。

本书主要讲授 Python 编程,涉及算法学习的第一阶段。

4.1.2 程序流程图

程序设计过程采用自然语言描述容易产生歧义性。例如,英文单词 doctor 意为博士或医生,需要根据 doctor 的具体语境确定其含义,在不同的语境中有不同的含义。在数学和计算机科学中,往往采用流程图、伪代码、PAD 图和形式化语言(Z 语言等)描述算法,其中使用最普遍的是流程图。

流程图又称为框图,采用一些几何框、流向线和文字说明表示算法。流程图具有以下优点:

(1) 采用简单、规范的符号,画法简捷。

(2) 结构清晰,逻辑性强。

(3) 便于描述,容易理解。

流程图主要采用如下符号进行问题的描述。

(1) 开始框和结束框用于流程的开始和结束,如图 4.2(a)所示。

(2) 输入框向程序输入数据,输出框用于程序向外输出信息,如图 4.2(b)所示。

(3) 箭头表示控制流向,如图 4.2(c)所示。

(4) 执行框表示一个处理步骤,如图 4.2(d)所示,与其连接的箭头是一进一出。

(5) 判别框表示一个逻辑条件,如图 4.2(e)所示,与其连接的箭头是一进两出。

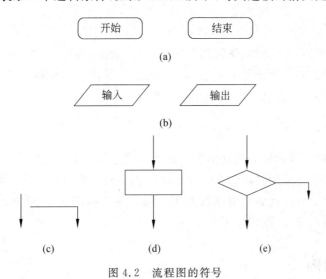

图 4.2　流程图的符号

【例 4.2】　输入 3 位正整数,将其分解为个位、十位、百位 3 个整数。画出算法的流程图。

【解析】　算法的流程图如图 4.3 所示。

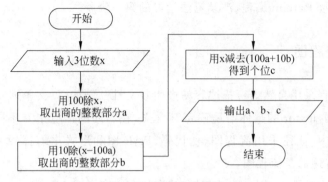

图 4.3 算法的流程图

4.1.3 3 种控制结构

1996 年意大利人 Bobra 和 Jacopini 提出了 3 种基本的控制结构：顺序结构、选择结构和循环结构。

1. 顺序结构

顺序结构是最简单的控制结构，程序按照语句书写的顺序逐句执行。顺序结构的语句主要是赋值语句。顺序结构就像火车在轨道上行驶，只有过了上一站点才能到达下一站点。

2. 选择结构

选择结构又称为分支结构、条件判定结构，它表示在某种特定的条件下选择程序中的特定语句执行，即在不同的条件下采用不同的处理方法。选择结构就像汽车在一个十字路口处，可以选择向东、南、西、北几个方向行驶。

3. 循环结构

循环是指程序反复执行一系列操作。如果在满足条件表达式的情况下反复执行特定的一系列操作，就需要采用循环结构。循环结构作为程序设计中最能发挥计算机特长的基本结构，可以减少程序代码重复书写的工作量。循环结构就像 4000m 跑，围着田径跑道不停地跑，直到跑完 10 圈才停下来。

4.2 顺序结构

顺序结构是最简单的控制结构，按照语句书写的先后次序依次执行。顺序结构的语句主要是赋值语句、输入语句与输出语句等，其特点是程序沿着一个方向进行，具有唯一的入口和唯一的出口。如图 4.4 所示，顺序结构只有先执行完语句 1，才会

图 4.4 顺序结构流程图

执行语句 2,语句 1 对输入数值进行处理后,其输出结果作为语句 2 的输入。也就是说,如果没有执行语句 1,语句 2 不会执行。

4.2.1 输入、处理和输出

程序的基本流程包括输入、处理、输出(Input-Process-Output,IPO)3 个大步骤,如图 4.5 所示。输入包括变量赋值、输入语句;处理也就是改变输入;输出包括打印改变后的输入,将结果写入文件和数据库等。

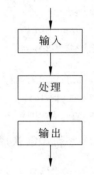

图 4.5 程序的基本流程

4.2.2 输入输出函数

Python 提供了 input()、eval()、print()等基本输入输出函数。

1. input()函数

Python 提供了 input()函数实现数据输入。例如:

```
>>>a=input('please input a number:')
please input a number:234
>>>type(a)
(class 'str')
>>>a=int(input('please input a number:'))
please input a number:234
>>>type(a)
(class 'int')
>>>a,b=eval(input('please input two numbers:'))
please input two numbers:2,3
>>>a,b
(2,3)
```

2. eval()函数

eval()函数用于将字符串转换为组合数据类型的列表、元组和字典。

1) 字符串转换成列表

```
>>>a="[[1,2], [3,4], [5,6], [7,8], [9,0]]"
>>>type(a)
<type 'str'>
>>>b=eval(a)
>>>print b
[[1, 2], [3, 4], [5, 6], [7, 8], [9, 0]]
>>>type(b)
<type 'list'>
```

2）字符串转换成元组

```
>>>a="([1,2], [3,4], [5,6], [7,8], (9,0))"
>>>type(a)
<type 'str'>
>>>b=eval(a)
>>>print b
([1, 2], [3, 4], [5, 6], [7, 8], (9, 0))
>>>type(b)
<type 'tuple'>
```

3）字符串转换成字典

```
>>>a="{1: 'a', 2: 'b'}"
>>>type(a)
<type 'str'>
>>>b=eval(a)
>>>print b
{1: 'a', 2: 'b'}
>>>type(b)
<type 'dict'>
```

3. print()函数

在 Python 3 中，数据输出的操作是通过 print()函数实现的，操作对象是字符串。
print()函数的语法格式如下：

print([输出项 1,输出项 2,…,输出项 *n*][,sep=分隔符][,end=结束符])

说明：输出项之间用逗号分隔，没有输出项时输出一个空行；sep 表示输出时各输出项之间的分隔符（默认以空格分隔）；end 表示输出时的结束符（默认以回车换行结束）。

【例 4.3】 输出换行与不换行举例。
在一个.py 文件中保存了如下两条语句，运行结果换行。

```
print ('hello')              #默认自动换行输出
print ('world!')
```

输出如下：

```
hello
world!
```

在一个.py 文件中保存了如下两条语句，运行结果不换行。

```
print ('hello,',end='')      #如果输出不换行,则需在变量末尾加上 end=""
print ('world!')
```

输出如下：

```
hello,world!
```

注意：

(1) 在 Python 命令行中，print()是可以省略的。例如：

```
>>>'Hello world!'
```

输出如下：

```
'Hello world!'
```

(2) 多个输出项之间用逗号分隔。print()会依次打印每个字符串，遇到逗号会输出一个空格。例如：

```
>>>print('Hello', 'everyone!')
Hello everyone!
```

(3) 格式化控制输出有格式符(%)和 format()函数两种方式。

方式一：使用格式符来实现 Python 中的格式符，如表 4.1 所示。

表 4.1　Python 中的格式符

格 式 符	格 式 说 明
%d 或%i	以带符号的十进制整数形式输出整数(正数省略符号)
%o	以无符号八进制整数形式输出整数(不输出前导 0)
%x 或%X	以无符号十六进制整数形式输出整数(不输出前导 0x)
%c	以字符形式输出
%s	以字符串形式输出
%f	以小数形式输出实数，默认输出 6 位小数
%e 或%E	以标准指数形式输出实数，数字部分包括 1 位整数和 6 位小数。使用 e 时，指数以小写 e 表示；使用 E 时，指数以大写 E 表示

【例 4.4】 格式符输出举例。

```
>>>num=40
>>>price=4.99
>>>name='zhou'
>>>print("number is %d"%num)
number is 40
>>>print("price is %f"%price)
price is  4.990000
>>>print("price is %.2f"%price)
price is  4.99
>>>print("name   is %.s"%name)
name is zhou
```

方式二：使用 format()函数来实现。例如：

```
>>>print('{}网址："{}"!'.format('Python', 'www.python.com'))
```

Python 网址："www.python.com!"

大括号及其中的字符（称作格式化字段）将会被 format()中的参数替换。可以用大括号中的数字指示传入对象在 format()中的位置。例如：

```
>>>print('{0}和{1}'.format('Google', 'Python'))
Google 和 Python
```

如果在 format()中可以使用标识符表示输出项。例如：

```
>>>print('{name}网址：{site}'.format(name='Python', site='www.python.com'))
Python 网址：www.python.com
```

在冒号后加上一个整数，可以指定该域的宽度，常用于控制表格对齐。例如：

```
>>>table={'Google': 1, 'python': 2, }
>>>for name, number in table.items():
...       print('{0:10}==>{1:10d}'.format(name, number))
Google    ==>         1
python    ==>         2
```

4.3 顺序结构程序设计举例

【例 4.5】 从键盘上输入一个整数作为圆的半径，求圆的面积和周长。
程序代码如下：

```
PI=3.1415926
number=int(input("please in put a number:"))
area=PI * number * number
Perimeter=2 * PI * number
print("circle's perimeter is ",Perimeter)
print("circle's area is ",area)
```

程序运行结果如下：

```
please in put a number:4
circle's perimeter is 25.1327408
circle's area is 50.2654816
```

【例 4.6】 从键盘输入一个 3 位整数，分离出它的个位、十位和百位并分别在屏幕输出。
程序代码如下：

```
x=int(input("请输入一个 3 位整数："))
a=x//100
b=(x-a * 100)//10
c=x%10
print("百位=%d,十位=%d,个位=%d"%(a,b,c))
```

程序运行结果如下：

请输入一个 3 位整数：235
百位=2,十位=3,个位=5

4.4 选择结构

选择结构根据条件表达式的值(True 或者 False)选择不同的语句执行。选择结构通过 if 语句来实现。if 语句具有单分支结构、双分支结构和多分支结构等形式。

4.4.1 单分支结构

if 语句的单分支结构流程如图 4.6 所示。其语法格式如下：

```
if   条件表达式:
    语句块
```

Python 认为非 0 的值为 True,0 为 False。

【例 4.7】 从键盘上输入两个正整数 x 和 y,按升序输出。

【解析】 假设输入次序为 3 和 5,只须依次输出这两个数即可。若输入为 5 和 3,则必须将两个数交换后再输出。设两个整数为 x 和 y,引入临时变量 t,通过图 4.7 所示的 3 个步骤实现 x 和 y 的交换。

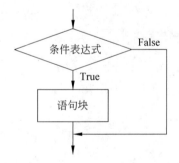

图 4.6 if 的单分支结构流程

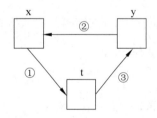

图 4.7 引入临时变量 t 交换 x 和 y

x 和 y 的交换过程如表 4.2 所示。

表 4.2 x 和 y 的交换过程

交换步骤	变量 x	变量 y	变量 t
交换前	5	3	0
步骤①	5	3	5
步骤②	3	3	5
步骤③	3	5	5

代码如下:

```
x=int(input("please input x:"))
y=int(input("please input y:"))   等价于 x,y=eval(input('please input x,y:'))
print("before sorting:", x, y)
if x>y:         #如果 x 大于 y 条件成立,则引入 t 交换 x 和 y
t=x             #等价于: t=y
x=y             #          y=x 或 x,y=y,x
y=t             #          x=t
print("after sorting:", x, y)
```

4.4.2 双分支结构

if 语句的双分支结构的流程图如图 4.8 所示。当条件表达式的值为 True 时,程序执行语句 1;当条件表达式的值为 False 时,程序执行语句 2。

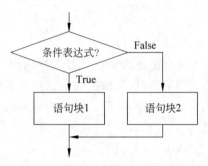

图 4.8 if 语句的双分支结构流程图

if 语句的双分支结构的语法格式如下:

```
if   条件表达式:
     语句块 1
else:
     语句块 2
```

if 和 else 的语句块用缩进表示。else 从句在某些情况下可以省略。

【例 4.8】 输出 a 与 b 中较大的数。

```
a=input("a=")
b=input("b=")
if a<b:
    z=b
else:
    z=a
print("The larger number is", z)
```

程序运行结果如下:

```
a=4
b=3
The larger number is 4
```

4.4.3 多分支结构

当分支超过两个时,采用 if 语句的多分支结构。该结构根据条件表达式不同的值执行相应的语句块。

if 语句的多分支结构的语法格式如下:

```
if  条件表达式 1:
    语句块 1
elif  条件表达式 2:
    语句块 2
  ⋮
elif  条件表达式 n:
    语句块 n
else:
    语句块 n+1
```

if 语句的多分支结构执行的思路为:条件表达式 1 为 True 时将执行语句块 1,否则判断条件表达式 2,如果条件表达式 2 为 True,将执行语句块 2,否则判断条件表达式 3……如果条件表达式 n 为 True,将执行语句块 n,否则执行语句块 n+1。

if 语句的多分支结构流程图如图 4.9 所示。

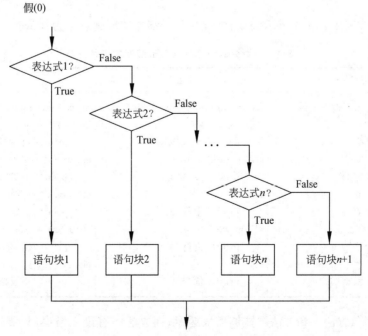

图 4.9 if 语句的多分支结构流程图

【例 4.9】 根据当前时间是上午、下午还是晚上,分别给出不同的问候信息。分析采用 3 个 if 单分支结构和 1 个多分支结构两种方法的执行过程,如表 4.3 所示。

表 4.3 两种 if 语句分支结构的比较

3 个 if 语句的单分支结构	1 个 if 语句的多分支结构

hour＝int(input("hour"))
if hour<=12:
　　print("Good morning")
if(hour>12) and (hour<18):
　　print("Good afternoon")
if hour>=18:
　　print("Good Evening")
	hour＝int(input("hour"))
	if hour<=12:
	　　print("Good morning")
	elif hour<18:
	　　print("Good afternoon")
	else:
	　　print("Good Evening")

程序按照 3 个 if 语句的顺序依次执行。例如,hour 小于 12,则第 1 个 if 语句的判断条件 hour<=12 为真,输出 Good morning;之后还要对第 2 个和第 3 个 if 语句的条件表达式进行计算,在这种情况下,第 2 个和第 3 个 if 语句已经没有必要执行了	程序按照 if 语句的多分支结构执行。例如,hour 小于 12,则第 1 个 if 语句的判断条件 hour<=12 为真,输出 Good morning;之后不再对第 2 个和第 3 个条件表达式进行计算
3 个 if 语句的单分支结构并列使用虽然能够实现功能,但效率较低	采用 if 语句的多分支结构执行效率较高

【例 4.10】 已知百分制成绩 mark,显示对应的五级制成绩。即,学习成绩不低于 90 分为"优秀",80～89 分为"良好",70～79 分为"中等",60～69 分为"及格",60 分以下为"不及格"。

【解析】 采用表 4.4 所示的 3 种方法,是否都能实现题意?为什么?

表 4.4 百分制成绩转换为五级制的 3 种方法

方法一	方法二	方法三

mark＝int(input("输入成绩:"))
if mark>=90:
　　print("优秀")
elif mark>=80:
　　print("良好")
elif mark>=70:
　　print("中等")
elif mark>=60:
　　print("及格")
else:
　　print("不及格")
	mark＝int(input("输入成绩:"))
	if mark<=60:
	　　print("不及格")
	elif mark<=70:
	　　print("及格")
	elif mark<=80:
	　　print("中等")
	elif mark<=90:
	　　print("良好")
	else:
	　　print("优秀")
		mark＝int(input("输入成绩:"))
		if mark>=60:
		　　print("及格")
		elif mark>=70:
		　　print("中等")
		elif mark>=80:
		　　print("良好")
		elif mark>=90:
		　　print("优秀")
		else:
		　　print("不及格")

可以看到,方法一和方法二能够完成题意;而方法三有语义错误,只要输入的成绩高于 60,都只能得到"及格"这样一个结果,不符合题意。

4.4.4 分支嵌套

if 语句分支嵌套的格式如下:

```
if 表达式 1:
    语句块
    if 表达式 2:
        语句块
    elif 表达式 3:
        语句块
    else:
        语句块
elif 表达式 4:
    语句块
else:
    语句块
```

注意:当要判断多个条件时,每个条件都是在上一条件的判断结果基础之上进行判断的。

【例 4.11】 从键盘上输入一个整数,判断其是否能被 2 或者 3 整除。

```
num=int(input("enter number:"))
if num%2==0:
    if num%3==0:
        print("divisible by 3 and 2")
    else:
        print("divisible by 2 but not by 3")
else:
    if num%3==0:
        print("divisible by 3 but not by 2")
    else:
        print("not divisible by 2 and 3")
```

程序运行结果如下:

```
enter number: 8
divisible by 2 but not by 3
enter number: 15
divisible by 3 but not by 2
enter number: 12
divisible by 3 and 2
```

【例 4.12】 从键盘上输入 3 个整数,按照降序排列。

【解析】 3 个整数用 x、y、z 表示。不妨假设 x 为 3 个数的最大数,即 x>y 且 x>z。对于 x>y 需要 x 与 y 交换;对于 x>z 需要 x 与 z 交换。交换之后,x 成为 3 个数中的最小数。对于 y>z 需要 y 和 z 交换。因此,3 个数的排序需要进行 3 次交换。采用 3 条 if 的单分支语句并列使用的代码如下:

```
x=int(input("please input x: "))
y=int(input("please input y: "))
z=int(input("please input z: "))
print("before sorting:", x, y,z)
if x<y:
    t=x;x=y;y=t
if x<z:
    t=x;x=z;z=t
if y<z:
    t=y;y=z;z=t
print("after sorting: ", x, y,z)
```

若采用 if 语句的嵌套结构,代码如下,它是否能实现题意?

```
x=int(input("输入 x 值:"))
y=int(input("输入 y 值:"))
z=int(input("输入 z 值:"))
print("before sorting:", x, y,z)
if x<y:
    t=x;x=y; y=t
    if x<z:
        t=x; x=z; z=t
        if  y<z:
            t=y;y=z;z=t
print("after sorting:", x, y,z)
```

4.5 选择结构程序设计举例

【例 4.13】 输出所有水仙花数。

【解析】 一个 3 位数,若每位的数字的立方和等于该 3 位数本身,则称其为水仙花数。例如,$153=1^3+5^3+3^3$,故 153 是水仙花数。

程序代码如下:

```
x=int(input("输入一个 3 位正整数:"))      #从键盘上输入一个 3 位正整数
a=x//100                                  #百位
b=(x-100*a)//10                           #十位
c=x-100*a-10*b                            #个位
if x==a*a*a+b*b*b+c*c*c:
    print(x,"是水仙花数")
else:
    print(x,"不是水仙花数")
```

程序运行结果如下:

输入一个 3 位正整数：371

371 是水仙花数

【例 4.14】 地铁车票的票价为：乘 1～4 站，每人 3 元；乘 5～9 站，每人 4 元；超出 9 站以上，每人 5 元。输入人数、站数，输出应付款额。程序流程图如图 4.10 所示。

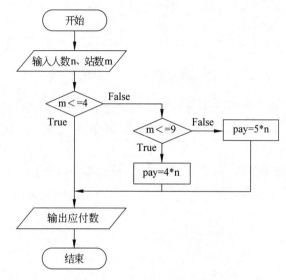

图 4.10 例 4.14 的程序流程图

程序代码如下：

```
n, m=eval(input('请输入人数和站数(两数用逗号分隔):'))
if m<=4:
    pay=3 * n
else:
    if m<=9:
        pay=4 * n
    else:
        pay=5 * n
print('应付款: ', pay)
```

程序运行结果如下：

请输入人数和站数(两数用逗号分隔):3,2

应付款：9

4.6 程序书写格式

4.6.1 缩进

C 语言使用大括号表示代码块。在 C 语言中，缩进是良好的代码书写风格，也可以不缩进。但是，Python 将代码块缩进作为语法要求，代码块必须缩进，否则会出现语法错误。缩进使得代码具有层次性，可读性大为改善。C 语言的代码块缩进如图 4.11(a)所示，Python 语言的代码块缩进如图 4.11(b)所示。

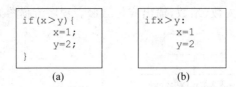

图 4.11　C 语言与 Python 语言代码块缩进的对比

Python 使用代码块的缩进来体现代码之间的逻辑关系，行首的空白称为缩进，缩进结束就表示一个代码块结束了。缩进的空白是可变的，但是同一个代码块的语句必须有相同的缩进量。

注意：缩进或者使用空格，或者使用制表符，两者不要混用。

【**例 4.15**】　缩进不一致举例。

```
if True:
    print("Answer")
    print("True")
else:
    print("Answer")
print("False")              #缩进不一致，会导致运行错误
```

4.6.2　多行语句

在 Python 程序中，通常是一行写完一条语句。如果语句很长，可以使用反斜线实现多行书写。

【**例 4.16**】　多行语句举例。

```
total=item_one+\
     item_two+\
     item_three
```

在[]、{}或()中的多行语句不需要使用反斜线。例如：

```
days=['Monday', 'Tuesday', 'Wednesday',
     'Thursday', 'Friday']
```

4.6.3　空行

函数之间或类的方法之间用空行分隔，表示新代码段的开始。函数或类的方法的入口前也应加空行，以突出函数或类的方法的入口。

空行与缩进不同，空行并不是 Python 的语法要求。书写时不插入空行，程序运行也

不会出错。空行的作用在于分隔两段不同功能或含义的代码,便于代码维护。

4.6.4 注释

注释是指用自然语言说明某段代码的功能。另外,如果想临时移除一段代码,可以用注释的方式将这段代码临时禁用。

Python 使用#开头和三引号(""")两种注释方式,如图 4.12 所示。

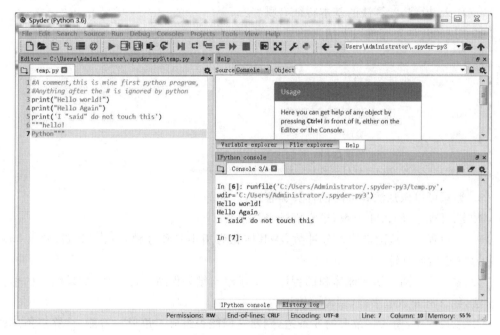

图 4.12 两种注释方式

注意:

(1) 注释可以添加在代码中的任意位置,但不能添加在字符串中。

(2) 若要将注释追加到某语句,可在该语句后插入一个#,在后面添加注释文字。

(3) 注释还可以单独占一行,一般位于要注释的代码的上一行。

4.7 语句构造注意事项

下面列出一些语句构造注意事项,以方便程序的编辑和调试。

(1) 在一行内只写一条语句。

(2) 复杂的表达式要适当使用括号,以避免优先级的混乱以及歧义。

(3) 注意冒号和缩进。

(4) 保持注释与代码功能完全一致。

(5) 嵌套层次最好不要超过 5 层。

(6) 尽量不使用否定式条件表达式。条件表达式应尽量简单;如果条件表达式较复杂,应将条件表达式的运算结果事先放到一个变量中。

（7）每一个 if 语句必须包含一个 else。

（8）if 语句尽量不嵌套。

（9）将 if 语句视为一个代码段,在其最前面和最后面加一个空行。

4.8 习题

1. 什么是算法? 算法的基本特征有哪些?

2. 用 print 语句完成以下信息的显示:

```
****************************************************
   ***      欢迎进入身份认证系统 V1.0         ***
   ***           1. 登录
   ***           2. 退出
   ***           3. 确认
   ***           4. 修改密码
****************************************************
```

3. 编写可以做加法和乘法的计算器程序。

4. 编写程序,输入 4 个数,求它们的平均值。

5. 编写程序:从键盘输入分钟数,将其转化为用小时和分钟表示。例如,输入 366,输出为"6 小时 6 分钟"。

6. 编写计算圆面积和球体积的程序。要求输出结果保留 4 位小数;如果输入的半径不合法,如含有非数值字符,则提示错误。

7. 编写程序,输入三角形的 3 条边,判断它们能否组成三角形。若能,计算三角形的面积。

8. 编写程序实现以下函数:

$$y = \begin{cases} x, & x < 1 \\ 2x+1, & 1 \leqslant x < 10 \\ 3x+1, & x \geqslant 10 \end{cases}$$

9. 企业利润提成规定为:利润不高于 10 万元时,按 10% 提成;利润高于 10 万元、不高于 20 万元时,10 万元的部分按 10% 提成,高于 10 万元的部分可提成 7.5%;利润高于 20 万元、不高于 40 万元时,高于 20 万元的部分可提成 5%;利润高于 40 万元、不高于 60 万元时,高于 40 万元的部分可提成 3%;利润高于 60 万元、不高于 100 万元时,高于 60 万元的部分可提成 1.5%;利润高于 100 万元时,高于 100 万元的部分按 1% 提成。从键盘输入利润,求提成金额。

第 5 章　循 环 结 构

循环是指程序反复执行某一语句块。本章首先介绍 Python 的 while 循环和 for 循环，然后介绍 break、continue 和 pass 等转移语句。

5.1　循环概述

【例 5.1】　求 1～5 之和。

程序代码如下：

```
i=1
sum=0
sum+=i;i+=1
sum+=i;i+=1
sum+=i;i+=1
sum+=i;i+=1
sum+=i
print(sum)
```

【解析】　sum＋＝i 重复写了 5 次。若本例改为求 1～100 之和，则 sum＋＝i 需要写 100 次。针对这种需要多次重复执行语句的有规律的操作，应使用循环结构。

5.1.1　循环结构

循环结构由循环体及循环控制条件两部分组成。反复执行的语句或语句块称为循环体。循环体能否继续执行，取决于循环控制条件。

构造循环结构的关键是确定与循环控制变量有关的 3 个表达式：

- 表达式 1：用于给循环控制变量赋初值，作为循环开始的初始条件。
- 表达式 2：用于判断是否执行循环体。当表达式 2 为真时，循环体反复被执行；反之，当表达式 2 为假时，退出循环体，不再反复执行。如果表达式 2 始终为真，循环体将一直执行，成为死循环。那么，如何终止循环呢？也就是说，如何让表达式 2 为假？答案是改变循环控制变量，于是就需要表达式 3。
- 表达式 3：用于改变循环控制变量，防止死循环。每当循环体执行一次，表达式 3 也被计算一次，循环控制变量的改变最终导致表达式 2 结果为假，从而终止循环。

图 5.1 给出了循环结构的流程图。

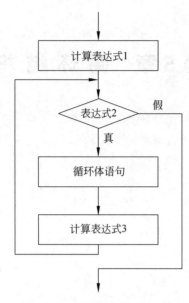

图 5.1　循环结构的流程图

5.1.2　循环分类

循环分为确定次数循环和不确定次数循环。确定次数循环是指在循环开始之前就可以确定循环体执行的次数。不确定次数循环是指只知道循环结束的条件,其循环体所重复执行的次数事先并不知道,往往需要用户参与循环执行的流程控制,实现交互式循环。

Python 提供了 while 和 for 两种循环结构。

5.2　while 语句

5.2.1　基本形式

while 循环,只要条件满足,就不断循环,条件不满足时退出循环。while 语句的书写格式如下:

```
while 循环控制条件:
    循环体
```

【例 5.2】　计算 1～100 的整数之和。

【解析】　计算一系列数的和称为累加,是一种典型的循环计算过程。通常引入变量 sum 存放部分和,变量 i 存放累加项,通过部分和＋累加项实现累加。counter 是循环控制变量,和它有关的 3 个表达式分别是 counter＝1(表达式 1)、counter＜＝N(表达式 2)和 counter＋＝1(表达式 3)。

程序代码如下：

```
N=100
counter=1                      #表达式1,counter为循环控制变量
sum=0                          #sum表示累加的部分和
while counter<=N:              #表达式2,counter的变化范围为1~100
    sum=sum+counter            #部分和累加
    counter+=1                 #表达式3,counter的步长为1
print("1到%d之和为%d" %(n,sum))
```

程序运行结果如下：

1到100之和为5050

【例5.3】 求1~100之和循环的单步分析如表5.1所示。

表 5.1　求 1~100 之和循环的单步分析

循环变量 （counter）	表达式2 （counter<=100）	是否执行循环体	循环体 （sum=sum+counter）	表达式3 （counter+=1）
1	True	执行	1	2
2	True	执行	3	3
3	True	执行	6	4
⋮	⋮	⋮	⋮	⋮
99	True	执行	4950	100
100	True	执行	5050	101
101	False	不执行	**5050**	**101**

【例5.4】 计算1~100的奇数之和,两种方法如下。

方法一：改变步长,每次递增值为2。

```
i=1;sum=0
while i<=100:
    sum=sum+i
    i+=2           #步长为2
print("sum:",sum)
```

方法二：遍历100以内的所有数,如果是奇数,进行累加。

```
i=1;sum=0
while i<=100:
    if i%2!=0:         #是奇数
        sum=sum+i
    i=i+1
print("sum:",sum)
```

5.2.2　else 语句

while…else 语法格式如下：

```
while 循环控制条件:
        循环体
else:
        语句块
```

当 while 结构中存在可选部分 else 时，其循环体执行结束后，会执行 else 语句块。

【例 5.5】　猜数游戏。在 0～9 范围内猜数。如果大于预设数，显示"bigger!"；如果小于预设数，显示"smaller!"；如此循环，直至猜中该数，显示"right!"。

程序代码如下：

```
num=7                       #预设数
while True:
    guess=int(input("please input a number:"))
    if guess==num:
        print("right!")
        break;
    elif guess>num:    #大于预设数
        print("bigger!")
    else:              #小于预设数
        print("smaller!")
```

程序运行结果如下：

```
please input a number:8
bigger!
please input a number:4
smaller!
please input a number:7
right!
```

5.2.3　死循环

死循环又称无限循环，当 while 语句的条件表达式永远为真时，循环将永远不会结束。使用 while 语句构成无限循环的格式通常为

```
while True:
        循环体
```

一般采用在循环体内使用 break 语句强制结束死循环。如果程序陷入死循环，可以按 Ctrl＋C 键退出程序，或者强制结束 Python 进程。

【例 5.6】 求 $2+4+6+\cdots+n<100$ 成立的最大的 n 值。

【解析】 遍历过程以递增的方式进行,当找到第一个能使此不等式成立的 n 值,循环过程立即停止,可使用 break 语句提前终止循环。

程序代码如下:

```
i=2; sum=0
while True:
    sum+=i
    if sum>=100:
        break
    else:
        i+=2
print("the max number is ",i)
```

程序运行结果如下:

```
the max number is 20
```

5.3　for 语句

5.3.1　遍历循环

for 语句的遍历循环是指依次访问序列中的全体元素,主要应用序列数据类型,如列表、元组、字符串等。for 语句书写格式如下:

```
for 变量 in 序列:
    语句块
else:
    语句块
```

【例 5.7】 for 循环应用于列表。

```
fruits=['banana', 'apple', 'mango']        #列表
for fruit in fruits:
    print('fruits have:', fruit)
```

程序运行结果如下:

```
fruits have: banana
fruits have: apple
fruits have: mango
```

5.3.2　内置函数 range()

内置函数 range()返回一个迭代器,可以生成指定范围的数字。

range()的一般格式如下：

```
range([start,]stop[,step])
```

range()共有3个参数，其中 start 和 step 是可选的。start 表示开始，默认值为0；end 表示结束；step 表示每次跳跃的步长，默认值为1。该函数功能是生成一个从 start 开始、到 end 结束(不包括 end)的数字序列。

【例5.8】 range()函数举例。

```
>>>for i in range(1,5)        #代表 1~5(不包含 5)
        print(i," ", end="")
1 2 3 4
>>>for i in range(1,10,2):    #表示从 1 开始、步长为 2、到 10 为止(不包括 10)的数字序列
        print(i," ", end="")
1 3 5 7 9
>>>for i in range(5)          #代表 0~5(不包含 5)
        print(i," ", end="")
0 1 2 3 4
```

5.3.3 循环嵌套实现

一个循环体中嵌入另一个循环，这种情况称为多重循环，又称循环嵌套。较常用的是二重循环。二重循环结构需要确定外层循环控制变量和内层循环控制变量，以及内外层循环控制变量之间的关系。一般具有如下两个步骤。

步骤1：使其中一个循环控制变量为定值，实现单重循环。

步骤2：将此循环控制变量从定值变为变值，将单重循环转变为二重循环。

【例5.9】 打印九九乘法表。

【解析】 九九乘法表涉及乘数 i 和被乘数 j 两个变量，变化范围为 1~9。

步骤1：先假设被乘数 j 的值不变，假设为1，实现单重循环。

程序代码如下：

```
for i in range(1,10):
    j=1
    print(i ,"*",j ,"=",i * j,"   ",end="")
```

程序运行结果如下：

```
1*1=1  2*1=2  3*1=3  4*1=4  5*1=5  6*1=6  7*1=7  8*1=8  9*1=9
```

步骤2：将被乘数 j 的定值1改为变值，让其从1到9变化。

程序代码如下：

```
for i in range(1,10):
    for j in range(1,10):
        print('{0} * {1}={2:2}'.format(i,j ,i * j),end="  ")            #格式化输出
```

```
    print()
```

程序运行结果如下：

1*1=1	1*2=2	1*3=3	1*4=4	1*5=5	1*6=6	1*7=7	1*8=8	1*9=9
2*1=2	2*2=4	2*3=6	2*4=8	2*5=10	2*6=12	2*7=14	2*8=16	2*9=18
3*1=3	3*2=6	3*3=9	3*4=12	3*5=15	3*6=18	3*7=21	3*8=24	3*9=27
4*1=4	4*2=8	4*3=12	4*4=16	4*5=20	4*6=24	4*7=28	4*8=32	4*9=36
5*1=5	5*2=10	5*3=15	5*4=20	5*5=25	5*6=30	5*7=35	5*8=40	5*9=45
6*1=6	6*2=12	6*3=18	6*4=24	6*5=30	6*6=36	6*7=42	6*8=48	6*9=54
7*1=7	7*2=14	7*3=21	7*4=28	7*5=35	7*6=42	7*7=49	7*8=56	7*9=63
8*1=8	8*2=16	8*3=24	8*4=32	8*5=40	8*6=48	8*7=56	8*8=64	8*9=72
9*1=9	9*2=18	9*3=27	9*4=36	9*5=45	9*6=54	9*7=63	9*8=72	9*9=81

【例 5.10】 鸡兔同笼问题。鸡兔共有 30 只，脚共有 90 个，鸡、兔各有多少只？

【解析】 设鸡为 x 只，兔为 y 只，根据题目要求，列出方程组为

$$\begin{cases} x+y=30 \\ 2x+4y=9 \end{cases}$$

采用试凑法解决方程组的求解问题，将 x 和 y 变量的每一个值都带入方程中进行尝试。

方法一：利用二重循环来实现。

程序代码如下：

```
for x in range(0,31):
    for y in range(0,31):
        if(x+y==30 and 2 * x+4 * y==90):
            print("Chicken is ",x)
            print("rabbit is ", y)
```

程序运行结果如下：

```
Chicken is 15
rabbit is 15
```

注意：采用二重循环，循环体执行了 $31 \times 31 = 961$ 次。

方法二：利用单重循环来实现。

程序代码如下：

```
for x in range(0,31):
    y=30-x
    if 2 * x+4 * y==90:
        print("Chicken is ", x)
        print("rabbit is ", y)
```

注意：采用单重循环，循环体执行了 31 次。

方法三：假设鸡兔共有 a 只，脚共有 b 个，a 为 30，b 为 90。那么方程组为

$$\begin{cases} x+y=a \\ 2x+4y=b \end{cases} \Rightarrow \begin{cases} x=(4a-b)/2 \\ y=(b-2a)/2 \end{cases}$$

程序代码如下：

```
a=30;b=90
x=(4*a-b)//2
y=(b-2*a)//2
print("Chicken is ", x)
print("rabbit is ", y)
```

循环语句 while 和 for 可以相互嵌套。

在使用循环嵌套时，应注意以下几个问题：

（1）外层循环和内层循环的控制变量不能同名，以免造成混乱。

（2）循环嵌套应逐层缩进，以保证逻辑关系的清晰。

（3）循环嵌套不能交叉，即在一个循环体内必须完整地包含另一个循环。下面的循环嵌套形式都是合法的。

形式一：

```
while 表达式:
    for 变量 in 序列:
        语句
    语句
```

形式二：

```
while 表达式:
    while 表达式:
        语句
    语句
```

形式三：

```
for 变量 in 序列:
    for 变量 in 序列:
        语句
    语句
```

形式四：

```
for 变量 in 序列:
    while 表达式:
        语句
    语句
```

5.4 转移语句

如果需要在循环体中提前跳出循环，或者在某种条件满足时不执行循环体中的某些语句而立即从头开始新一轮循环，就要用到循环控制语句 break、continue 和 pass 语句。

5.4.1 break 语句

break 语句可以提前跳出循环。break 语句对循环控制的影响如图 5.2 所示。

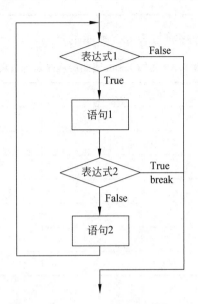

图 5.2 break 语句对循环控制的影响

说明：

（1）break 语句只能出现在循环语句的循环体中。

（2）在循环语句嵌套使用的情况下，break 语句只能跳出它所在的循环，而不能跳出多层循环。

【例 5.11】 用 for 语句判断从键盘上输入的整数是否为素数。

程序代码如下：

```
i=2
IsPrime=True
num=int(input("a number:"))
for i in range(2,num-1):
    if num %i==0:
        IsPrime=False
        break
if IsPrime==True:
        print(num,"is prime")
else:
        print(num,"is not prime")
```

从键盘输入 9，程序运行过程如表 5.2 所示。

表 5.2　有 break 语句的程序运行过程

变量 i	表达式 num%i	布尔值 IsPrime
2	1	True
3	0	False

如果没有 break 语句,程序将按表 5.3 所示的过程运行。

表 5.3　没有 break 语句的程序运行过程

变量 i	表达式 num%i	布尔值 IsPrime
2	1	True
3	0	False
4	1	False
5	4	False
6	3	False
7	2	False
8	1	False

5.4.2　continue 语句

在循环过程中,也可以通过 continue 语句跳过本轮循环,直接开始下一轮循环,即只结束本轮循环的执行,并不终止整个循环的执行。

说明:

(1) continue 语句只能出现在循环语句的循环体中。

(2) continue 语句往往与 if 语句联用。

(3) 若 continue 语句出现在 while 语句中,则跳过循环体中 continue 语句后面的语句,直接转去判别下一轮循环控制条件;若 continue 语句出现在 for 语句中,则执行 continue 语句就是跳过循环体中 continue 语句后面的语句,转而执行 for 语句的表达式 3。

continue 语句对循环控制的影响如图 5.3 所示。

【例 5.12】　求 200 以内能被 17 整除的所有正整数。

程序代码如下:

```
print('''The numbers less than 200 and divisible by 17:''')
for i in range(1, 201, 1):
    if i%17!=0:
        continue
    print(i," ",end="")
```

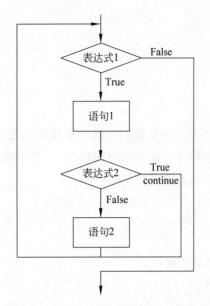

图 5.3　continue 语句对循环控制的影响

程序运行结果如下：

```
The numbers less than 200 and divisible by 17:
17   34   51   68   85   102   119   136   153   170   187
```

5.4.3　pass 语句

pass 是空语句，不执行任何操作，一般用作占位语句，以保持程序结构的完整性。程序员可以将还没有编写的内容用 pass 语句填充，使程序可以正常运行而不会报错。

【例 5.13】　pass 举例。

程序代码如下：

```
for letter in 'Python':
    if letter=='h':
        pass
        print('This is pass block')
    print('Current Letter:', letter)
print("Good bye!")
```

程序运行结果如下：

```
Current Letter: P
Current Letter: y
Current Letter: t
This is pass block
Current Letter: h
```

```
Current Letter: o
Current Letter: n
Good bye!
```

5.5 迭代器

迭代器是一个可以记住遍历的位置的对象。迭代器从集合的第一个元素开始访问,直到所有的元素被访问完时结束。迭代器只能往前,不会后退。

迭代器有两个基本的方法:iter()和 next()。

5.5.1 iter()方法

迭代器可以用于 for 循环的遍历。

【例 5.14】 iter()举例。

```
li=[1, 2, 3]
it=iter(li)
for val in it:
    print(val,end=" ")
```

程序运行结果如下:

```
1 2 3
```

5.5.2 next()方法

迭代器也可以用 next()函数访问下一个元素。

【例 5.15】 next()举例。

```
import sys
li=[1,2,3,4]
it=iter(li)
while True:
    try:
        print(next(it))
    except StopIteration:
        sys.exit()
```

5.6 循环语句举例

【例 5.16】 随机产生 10 个 100～200 的数,求最大值和最小值。

【解析】 从若干个不同的数中找出最大值或最小值,通常采用"打擂台"算法,过程为：变量 Max 用于存储当前最大值。最初，第一个数为当前最大值，然后依次与余下的数进行比较，如果余下的数中存在比当前最大值还大的数，即更新当前最大值，直到整个序列比较完毕。

程序代码如下：

```
import random
x=random.choice(range(100,200))
max=100
for i in range(1 ,11):
    x=random.choice(range(100,200))
    print(x ," ", end="")
    if x>max:
        max=x
print
print("max=", max)
```

程序运行结果如下：

```
142  160  132  172  153  120  151  174  163  136
max=174
```

【例 5.17】　求学生成绩的平均分。

方法一：使用 Python 的内置函数 sum()求和，然后再求平均分。

程序代码如下：

```
>>>score=[70, 90, 78, 85, 97, 94, 65, 80]
>>>score
[70, 90, 78, 85, 97, 94, 65, 80]
>>>aver=sum(score) / 8.0
>>>aver
82.375
```

方法二：使用 for 语句进行遍历，程序流程图如图 5.4 所示。

【解析】

（1）列表 score 有 8 个元素，索引范围是 0~7。

（2）使用成员运算符 in，如果成员在列表中，测试结果为 True，否则为 False。

（3）内置函数 len()用于计算序列长度。

（4）内置函数 range(start,end,step)给出循环取值的范围。

程序代码如下：

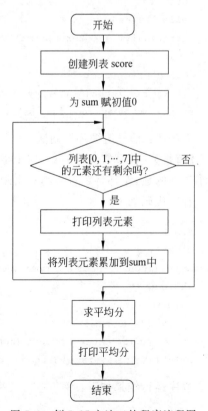

图 5.4　例 5.17 方法二的程序流程图

```
score=[70, 90, 78, 85, 97, 94, 65, 80]
print '所有的分数值是：'
print score              #打印列表
sum=0
#以下 for 语句的 i 是迭代项,内置函数 len(score)的执行结果是 8
#内置函数 range(8)返回列表[0, 1, 2, 3, 4, 5 6,7]
#运算符 in 判断迭代项 i 是否还在列表[0, 1,2 3, 4, 5, 6 7]中
for i in range(len(score)):
    sum+=score[i]    #循环体,对列表元素求和
aver=sum / 8.0        #循环之后,求平均值
print '\naver=', aver
```

方法三：使用 while 循环。

【解析】 设置一个变量 flag 作为是否继续循环的标志,初始化 flag 为'y',sum 为 0,counter 为 0。这种方法的优点是用户不用事先输入循环次数,缺点是用户需要一直输入 y。

程序代码如下：

```
flag='y'
sum=0.0
counter=0
while flag=='y':
  x=int(input("Enter a number>>"))
  sum=sum+x
  counter=counter+1
  flag=raw_input("enter?(y or n)? ")
print("\nThe average is", sum/counter)
```

方法四：信号值循环控制法。

【解析】 信号值又称哨兵,用于指示循环结束。本例求学生成绩的平均分,哨兵可设为小于 0 的数,循环将一直到哨兵出现才结束。

程序代码如下：

```
sum=0.0
count=0
x=int(input("Enter a number (negative to quit)>>"))
while x>=0:
    sum=sum+x
    count=count+1
    x=input("Enter a number (negative to quit)>>")
print("\nThe average of the numbers is", sum/count)
```

程序运行结果如下：

```
Enter a number (negative to quit)>>32
```

```
Enter a number (negative to quit)>>45
Enter a number (negative to quit)>>34
Enter a number (negative to quit)>>76
Enter a number (negative to quit)>>45
Enter a number (negative to quit)>>-1
The average of the numbers is 46.4
```

【例 5.18】 求 $1!+2!+\cdots+10!$。

【解析】 有如下两种方法。

方法一：单重循环。

```
n=0;s=0;t=1
for n in range(1,11):
    t*=n
    s+=t
print('sum is %d' %s)
```

方法二：双重循环。

```
n=0;s=0
for n in range(1,11):
    t=1
    for i in range(1,n+1):
        t*=i
    s+=t
print('sum is %d' %s)
```

【例 5.19】 使用循环嵌套输出图 5.5 所示的星号图形。

【解析】 输出一行 5 个星号的语句如下：

```
for i in range(0, 5):
    print("* ",end="")          #注意逗号
```

运行结果如下：

```
*****
```

构造二重循环,输出 3 行,每行 5 个星号,语句如下：

```
for i in range(0,3):
    for j in range(0, 5):
        print("* ",end="")      #注意逗号
    print()
```

运行结果如图 5.6 所示。

```
      *                        *****
     ***                       *****
    *****                      *****
```

图 5.5　星号图形　　　　　图 5.6　未控制每行星号个数时输出的图形

分析星号数和行数的关系,如表5.4所示。

表 5.4　星号数和行数的关系

j(星号数)	i(行数)
1	1
3	2
5	3

可以推出两者数量关系的公式:j=2i−1。

程序代码如下:

```
for i in range(1,4):
    for j in range(0, 2 * i-1):
        print(" * ",end="")          #注意逗号
    print()
```

运行结果如图5.7所示。

```
    *
   ***
  *****
```

图 5.7　未控制空格数时输出的图形

分析空格数、星号数和行数的关系,如表5.5所示。

表 5.5　空格数、星号数和行数的关系

k(空格数)	j(星号数)	i(行数)
2	1	1
1	3	2
0	5	3

可以推出三者数量关系的公式:j=2i−1 和 k=3−i。

程序代码如下:

```
for i in range(1,4):
    for j in range(0, 3-i):
        print(" ",end="")
    for k in range(0,2 * i-1):
        print(" * ",end="")
    print()
```

5.7　语句构造注意事项

下面列出一些良好的语句构造方法,方便程序的编辑和调试。

（1）单个函数的代码行数最好不超过 100 行。

（2）尽量使用系统函数。

（3）不要随意定义全局变量，尽量使用局部变量。

（4）在 Python 中没有 do…while 循环。

（5）尽量少用 while 循环，大多数情况循环是更好的选择。

（6）不要滥用 break 和 continue 语句。break 和 continue 会造成代码执行逻辑分叉过多，容易出错。大多数循环并不需要用到 break 和 continue 语句，往往可以通过改写循环条件或者修改循环逻辑来取消 break 和 continue 语句。

5.8　习题

1. 选择正确的选项。

（1）以下 for 语句中，（　　）不能完成 1~10 的累加。

```
A. for i in range(10,0):
        sum+=i
B. for i in range(1,10):
        sum+=i
C. for i in range(10,0,-1):
        sum+=i
D. for i in range(1,11):
        sum+=i
```

（2）循环语句 for i in range(-3,21,4)的循环次数是（　　）。

A. 5　　　　　　　B. 6　　　　　　　C. 4　　　　　　　D. 7

（3）以下程序的运行结果是（　　）。

```
sum=0
for i in range(1,10):
    if(i%3):
        sum=sum+i
print(sum)
```

A. 27　　　　　　B. 0　　　　　　　C. 24　　　　　　D. 30

（4）以下程序的运行结果是（　　）。

```
for i in range(1,4):
    for j in range(2,5):
        if(i%2):
            continue
        print(i*j)
```

A. 2 4 6　　　　　B. 0　　　　　　　C. 2 4　　　　　　D. 4 6 8

2. 编写程序。

(1) 从键盘一直输入字符,当输入的是数字时,就不能输入了。

(2) 输出 10 个数字,超过 10 个数字就跳出循环。

(3) 从键盘输入若干整数,求其中所有正数的和,遇到负数便结束该操作。

(4) 求 200 以内能被 11 整除的所有正整数,输出并统计个数。

(5) 从键盘上输入 n 的值,计算 $s=1+1/2+\cdots+1/n!$。

(6) 求 1~100 的所有素数之和。

(7) 用数字 1、2、3、4 能组成多少个互不相同且各位无重复数字的 3 位数?

(8) 输出 9 行内容,第 1 行输出 1,第 2 行输出 12,第 3 行输出 123,依此类推,第 9 行输出 123456789。

(9) 一个足球队由年龄为 10~12 岁(包括 10 岁和 12 岁)的男孩组成。编写程序,输入性别(m 表示男性,f 表示女性)和年龄,然后显示一条消息指出这个人是否可以加入足球队。输入 10 次后,输出满足条件的总人数。

第6章 函数与模块

复杂的问题通常采用"分而治之"的思想解决,把大任务分解为多个容易解决的小任务,先解决每个小任务,最后解决复杂的大任务。本章首先介绍函数的概念、定义、使用和返回值,然后介绍 4 种参数、传递参数的两种方式、变量作用域以及模块等相关知识,最后介绍第三方包管理工具 pip 和 pyinstaller。

6.1 函数概述

6.1.1 函数引例

【例 6.1】 3 个圆的半径分别为 2、3、4,计算这 3 个圆的面积和周长。
程序代码如下:

```
a=2
area_a=3.14 * a * a
perimeter_a=3.14 * 2 * a
print('半径为 2 的圆的面积为', area_a)
print('半径为 2 的圆的周长为', perimeter_a)
b=3
area_b=3.14 * b * b
perimeter_b=3.14 * 2 * b
print('半径为 3 的圆的面积为', area_b)
print('半径为 3 的圆的周长为', perimeter_b)
c=4
area_c=3.14 * c * c
perimeter_c=3.14 * 2 * c
print('半径为 4 的圆的面积为',area_c)
print('半径为 4 的圆的周长为', perimeter_c)
```

程序运行结果如下:

```
半径为 2 的圆的面积为 12.56
半径为 2 的圆的周长为 12.56
半径为 3 的圆的面积为 28.259999999999998
半径为 3 的圆的周长为 18.84
半径为 4 的圆的面积为 50.24
半径为 4 的圆的周长为 25.12
```

可以看到,上面的代码具有重复的规律性,若把 3.14 改成 3.14159265359,则在代码中要替换6次,相当烦琐。是否可以将这3段基本相同的代码只写一次呢?对于这样的问题,可以使用函数来解决,使计算圆面积和周长的这段代码能够重用。

6.1.2 函数分类

复杂的程序往往由多个较小的程序片段组成,将程序片段中执行相同功能的代码抽出来,作为公共的独立单位使用,这个公共的独立单位就是函数。在程序的不同地方调用函数,就不必重复书写,提高了代码的重复利用率,减少了程序的代码量,使得错误局部化,程序更易于维护。

可以将函数比喻为手机。当用手机联系朋友时,不用思考手机内部的电路组成和手机的工作原理,使用者只须拨电话号码即可。在这里,不同的电话号码如同函数的参数值,通话如同函数的返回值。

Python的函数分为系统函数和用户自定义函数。系统函数又称内置函数或内建函数。用户自定义函数是指用户自己创建的函数。一般来说,函数的大小以70~200行代码为宜,如果代码行过少,就要考虑这些代码行是否有必要单独设计为一个函数;如果代码行过多,就应当考虑是否应将函数拆分为几个。

6.2 函数的定义与使用

6.2.1 函数的定义

在Python中,函数定义的语法格式为

```
def<函数名>([<形参列表>]):
  [<函数体>]
```

说明:

- 函数使用关键字def(define的缩写)定义,函数名为合法标识符和小括号。函数名后必须加冒号。
- 任何传入参数和自变量都必须放在小括号内。
- 函数内容应缩进。没有缩进的第一行则被视为函数体之外的语句,是与函数同级的程序语句。
- return[表达式]结束函数,选择性地返回一个值给调用方。不带表达式的return相当于返回None。

【例6.2】 函数定义举例。

```
>>> def hello():
...     print("Hello World!")
...
>>> hello()
Hello World!
```

【解析】 hello()是函数名,括号里没有参数,表示该函数不需要参数,但括号和后面的冒号都不能少。

6.2.2 函数的使用

【例6.3】 利用海伦公式求三角形面积。

程序代码如下:

```
import math
def triarea(x,y,z):
    s=(x+y+z)/2
    print(math.sqrt((s-x)*(s-y)*(s-z)*s))
```

若调用语句为 triarea(3,4,5),结果为 6.0。

【解析】 triarea(3,4,5)调用 triarea(x,y,z),函数调用步骤如图6.1所示。

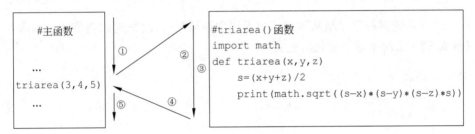

图 6.1 函数调用步骤

函数调用步骤如下:

步骤1:运行主函数,如图6.1中①箭头所示。当运行到 triarea(3,4,5)语句时,主函数中断,Python 寻找同名的 triarea()函数,如果没有找到,Python 提示语法错误。

步骤2:找到同名函数,进行函数调用,将实参传递给形参,如图6.1中②箭头所示。triarea(3,4,5)中"3,4,5"是实参,triarea(x,y,z)中"x,y,z"是形参。

在实参和形参结合时,必须遵循以下3条规则:

(1) 实参和形参个数相等。

(2) 实参和对应的形参的数据类型相同。

(3) 实参向对应的形参传递值。

步骤3:执行 triarea()函数,如图6.1中③箭头所示。

步骤4:triarea()执行结束,程序返回到主函数的中断处,如图6.1中④箭头所示。

triarea()函数调用时,实参有3个(3、4、5),形参也有3个(x、y、z);这些实参和形参都是整型;3个实参依次将值传递给3个形参,因此,x 得到3,y 得到4,z 得到5。triarea()函数调用时实参和形参传递符合以上3条规则。

【例6.4】 定义求圆的面积的函数。

程序代码如下:

```
def area_of_circle(x):
    s=3.14*x*x
    return(s)                        #函数返回值
```

分别输入半径 3 和 4,程序两次运行结果如下:

```
28.259999999999998
50.24
```

6.2.3 函数的返回值

函数返回值是指被调用的函数执行完后,返回给主调函数的值。一个函数可以有返回值,也可以没有返回值。

函数的返回用 return 语句实现,语法形式如下:

```
return    表达式
```

return 语句使得程序控制从被调函数返回主调函数,同时把返回值带给主调函数。

【例 6.5】 求两个数中的较大值。

```
def max(a,b):
    if a>b:
        return a
    else:
        return b
t=max(3,5)
print(t)
```

程序运行结果如下:

```
5
```

如果没有 return 语句,被调函数会自动返回 None;如果 return 语句不带表达式,也返回 None。

【例 6.6】 没有 return 语句的代码举例。

```
def add(a,b):
    c=a+b
t=add(3,5)
print(t)
```

程序运行结果如下:

```
None
```

reture 语句可以返回多个值。

【例6.7】 返回多个值举例。

```
def getMaxMin(a):
    max=a[0]
    min=a[0]
    for i in range(0,len(a)):
        if max<a[i]:
            max=a[i]
        if min>a[i]:
            min=a[i]
    return(max,min)
a_list=[5,8,3,0,-3,93,6]
x,y=getMaxMin(a_list)
print("")
print("最大值为",x,",最小值为",y,)
```

程序运行结果如下：

最大值为 93,最小值为-3

6.3 参数传递

6.3.1 实参与形参

实参(实际参数)是指传递给函数的值,即在调用函数时,由调用语句传给函数的常量、变量或表达式。形参(形式参数)是在定义函数时位于函数名后面括号中的变量,作为函数与主调程序交互的接口,用来接收调用该函数时传递进来的实参,从主调程序获得初值,或将计算结果返回给主调程序。

形参和实参具有以下特点：

(1) 函数在被调用前,形参只是代表了执行该函数所需要的参数的个数、数据类型和位置,并没有具体的数值。形参只能是变量,不能是常量、表达式。只有当调用时,主调函数将实参传递给形参,形参才有值。

(2) 形参只有在被调用时才分配内存单元,调用结束后释放内存单元,因此形参只在函数内部有效,函数调用结束,返回主调用函数后,则不能再使用该形参。

(3) 实参可以是常量、变量、表达式、函数等。无论实参是何种数据类型的变量,函数调用时必须是确定的值,以便把这些值传递给形参。

(4) 实参和形参在个数、数据类型、位置上应严格一致,否则会发生不匹配错误。

6.3.2 传对象引用

Python 的参数传递既不是传值(pass-by-value),也不是传引用(pass-by-reference),而是传对象引用(pass-by-object-reference),传递的是一个对象的内存地址。实际上,这种方式相当于传值和传址的一种综合。如果函数收到的是一个可变对象(如字典或者列表)的引用,就能修改对象的原始值,这相当于通过传引用来传递对象。如果函数收到的是一个不可变对象(如数字、字符或者元组)的引用,就不能直接修改原始对象,这相当于通过传值来传递对象。

【例6.8】 实参传递数字和列表举例。

```python
import sys
a=2
b=[1,2,3]
def change(x,y):
    x=3
    y[0]=4
change(a,b)
print(a,b)
```

程序运行结果如下:

```
2[4, 2, 3]
```

【解析】 数字a作为一个不可变对象,其值没有变化;而b为列表,是可变对象,所以b的值被改变了。

【例6.9】 实参传递字符串和字典举例。

```python
import sys
a="11111"
b={"a":1,"b":2,"c":3}
def change(x,y):
    x="222"
    y["a"]=4
change(a,b)
print(a,b)
```

程序运行结果如下:

```
11111 {'a': 4,'c': 3,'b': 2}
```

【解析】 a作为字符串是不可变对象,所以其值没有变化;b作为字典是可变对象,所以其值被改变了。

6.4 参数分类

Python的参数分为必备参数、默认参数、关键参数和可变长参数4类。

6.4.1 必备参数

必备参数是指调用函数时个数、数据类型以及输入顺序必须正确的参数,否则会出现语法错误。

【例 6.10】 必备参数举例。

```
def printme(str):
    print(str)
    return;
```

运行程序，调用 printme()，结果如下：

```
>>> printme()
Traceback (most recent call last):
  File "<stdin>", line 1, in <module>
TypeError: printme() missing 1 required positional argument: 'str'
```

6.4.2 默认参数

默认参数是指允许有默认值的参数，如果调用函数时不给默认参数传值，它将获得默认值。Python 通过在函数定义的形参名后加上赋值运算符(＝)和值给形参指定默认值。

注意：默认参数值是一个不可变的参数。

【例 6.11】 默认参数举例。

```
def say(message, times=1):
        print message * times
#调用函数
say('Hello')            #默认参数 times 值为 1
say('World', 5)
```

程序运行结果如下：

```
Hello
WorldWorldWorldWorldWorld
```

6.4.3 关键参数

函数的多个参数值一般默认从左到右依次传入。但是，Python 通过引入关键参数提供了灵活的传参顺序。关键参数又称命名参数，可以按任意顺序赋值。

【例 6.12】 关键参数举例。

```
def func(a, b=5, c=10):
  print('a is', a, 'and b is', b, 'and c is', c)
#调用函数
func(3, 7)
func(25, c=24)
func(c=50, a=100)
```

程序运行结果如下：

a is 3 and b is 7 and c is 10

a is 25 and b is 5 and c is 24

a is 100 and b is 5 and c is 50

6.4.4 可变长参数

可变长参数可以接收任意多个参数。若参数以 * 开头,则代表一个任意长度的元组,可以接收连续的一串参数;若参数以**开头,则代表一个字典,参数的形式是 key=value,可以接收连续的任意多个参数。

【例 6.13】 可变长参数举例。

```
def foo(x, * y, * * z):
    print(x)
    print(y)
    print(z)
```

程序运行时可以有如下 3 种执行效果。

(1) 输入 foo(1),程序运行结果如下:

```
1
()
{}
```

(2) 输入 foo(1,2,3,4),程序运行结果如下:

```
1
(2, 3, 4)
{}
```

(3) 输入 foo(1,2,3,a="a",b="b"),程序运行结果如下:

```
1
(2, 3)
{'a': 'a', 'b': 'b'}
```

6.5 两类特殊函数

6.5.1 匿名函数

匿名函数是指不使用 def 语句定义的函数。Python 使用 lambda 创建匿名函数。lambda 只是一个表达式,而不是一个代码块,比 def 的语法简单得多。

lambda 函数的语法格式如下:

```
lambda [参数 1 [,参数 2,…,参数 n]]:表达式
```

【例 6.14】 lambda 函数举例。

```
sum=lambda arg1, arg2: arg1+arg2;
#调用 sum 函数
print("相加后的值为", sum(10, 20))
print("相加后的值为", sum(20, 20))
```

程序运行结果如下:

```
相加后的值为 30
相加后的值为 40
```

6.5.2 递归函数

【例 6.15】 计算 4 的阶乘。

【解析】 给出两种方法。方法一通过循环语句来计算阶乘,该方法的前提是了解阶乘的计算过程,并可用语句把计算过程模拟出来。方法二通过递推关系将原来问题缩小成一个规模更小的同类问题,将 4 的阶乘问题转化为 3 的阶乘问题,只须找到 4 的阶乘和 3 的阶乘之间的递推关系,依此类推,直到在某一规模上(当 n 为 1 时)问题的解已知,其后,回归即可。这种解决问题的思想称为递归。

方法一:循环。

```
s=1
for i in range(1,5):
    s=s * i
print(s)
```

方法二:递归。

```
def fac(n):
    if n==1:
        return 1
    return n * fac(n-1)
```

fac(4)递归求解的过程如图 6.2 所示。

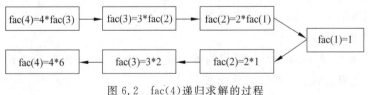

图 6.2 fac(4)递归求解的过程

递归调用的过程类似于多个函数的嵌套调用,只不过这时的主调用函数和被调函数是同一个函数,即在同一个函数内进行嵌套调用,作为多重嵌套调用的一种特殊情况,函数之间的信息传递和控制转移必须通过栈来实现,用于保护主调层的现场和返回地址,按照"后调用先返回"的原则。即,每当函数调用时,就为它在栈顶分配一个存储区;每当退出函数时,就释放该存储区,则当前正运行的函数的数据区必须在栈顶。

下面,以 fac(4) 为例来分析其如何在内存中进行数据的入栈与出栈两个阶段。

第一阶段:递推阶段(入栈)。

(1) 调用 fac(4) 会在栈中产生第一个活跃记录,输入参数 n=4,输出参数 n=3,如图 6.3 的①所示。

(2) 由于 fac(4) 调用没有满足函数的终止条件,因此 fac 将继续以 n=3 为参数递归调用,在栈上创建另一个活跃记录,n=3 成为第一个活跃期的输出参数,同时又是第二个活跃期的输入参数,这是因为在第一个活跃期内调用 fact 产生了第二个活跃期,如图 6.3 的②所示。

(3) 依此类推,这个入栈过程将一直继续,直到 n 的值变为 1,此时满足终止条件,fac 将返回 1,如图 6.3 的③、④所示。

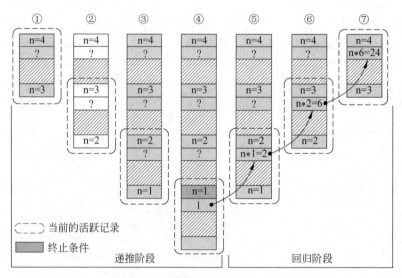

图 6.3   fac(4) 递归求解过程中数据的入栈与出栈情况

第二阶段:回归阶段(出栈)。

(1) n=1 时的活跃期结束,n=2 时的递归计算结果就是 2×1=2,因此 n=2 时的活跃期结束,返回值为 2,如图 6.3 的⑤所示。

(2) 依此类推,n=3 的递归计算结果为 3×2=6,因此 n=3 时的活跃期结束,返回值为 6,如图 6.3 的⑥所示。

(3) 最终,n=4 时的递归计算结果为 6×4=24,因此 n=4 时的活跃期结束,返回值为 24,如图 6.3 的⑦所示。递归过程结束。

递归调用的另一种形式是尾递归。尾递归是指函数中所有递归形式的调用都出现在函数的末尾,即当递归调用是整个函数体中最后执行的语句且它的返回值不属于表达式的一部分时,这个递归调用就是尾递归。由于尾递归是函数的最后一条语句,则当该语句执行结束时,从下一层返回至本层后,立刻又返回至上一层,因此在进入下一层递归时,不需要继续保存本层所有的实参和局部变量,即不作入栈操作,而是将栈顶活动记录中的所有实参改为下一层的实参,从而不需要进行任何其他操作,而是连续出栈。

计算 $n!$ 的尾递归函数如下:

$$F(n,a) = \begin{cases} a, & n = 1 \\ F(n-1,na), & n > 1 \end{cases}$$

尾递归函数 $F(n,a)$ 与基本递归函数 $fac(n)$ 相比多了第二个参数 a,它用于维护递归层次的深度,初始值为 1,从而避免了每次还要将返回值再乘以 n。尾递归在每次递归调用中令 $a=na$ 并且 $n=n-1$,持续递归调用,直到满足结束条件 $n=1$,返回 a 即可。

尾递归计算 4!的过程如图 6.4 所示。F(4,1)的递归过程如下:

$$F(4,1) = F(3,4\times1) \rightarrow F(2,3\times4\times1) \rightarrow F(1,2\times3\times4\times1)$$

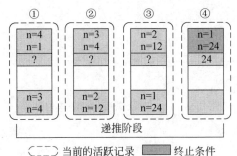

图 6.4 F(4,1)尾递归求解过程中的入栈与出栈情况

求阶乘的尾递归代码如下:

```
def F(n,a):
    if n==1:
        return a
    else:
        return F(n-1, n * a)
#调用 F(n,a)函数
print(F(4,1))
```

【例 6.16】 汉诺塔问题是递归函数的经典应用。传说大梵天创造世界的时候做了 3 根金刚石柱子,在一根柱子上从下往上按照大小顺序摞着 64 片黄金圆盘。大梵天命令婆罗门把圆盘按同样顺序重新摆放在另一根柱子上,并且规定,在小圆盘上不能放大圆盘,在 3 根柱子之间一次只能移动一个圆盘。

【解析】 汉诺塔问题如图 6.5 所示。

图 6.5 汉诺塔问题

汉诺塔问题的求解可以通过以下 3 步实现：

（1）将 A 塔上的 $n-1$ 个圆盘借助 C 塔先移动到 B 塔上。

（2）把 A 塔上剩下的一个圆盘移动到 C 塔上。

（3）将 $n-1$ 个圆盘从 B 塔借助 A 塔移动到 C 塔上。

当圆盘数 $n=3$ 时，汉诺塔问题的求解过程如图 6.6 所示。

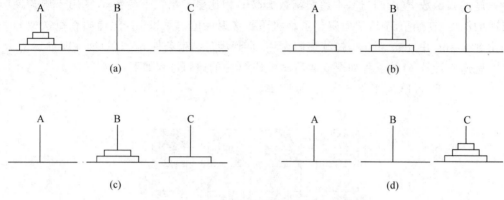

图 6.6 $n=3$ 时汉诺塔问题的求解过程

程序代码如下：

```python
i=1
def move(n, mfrom, mto):
    global i
    print("第%d步:将%d号圆盘从%s移动到%s" %(i, n, mfrom, mto))
    i+=1


def hanoi(n, A, B, C):
    if n==1:
        move(1, A, C)                  #表示只有一个圆盘时,直接从A塔移动到C塔
    else:
        hanoi(n-1, A, C, B)            #将A塔上剩下的n-1个圆盘借助C塔移动到B塔
        move(n, A, C)                  #将A塔上最后一个圆盘直接移动到C塔
        hanoi(n-1, B, A, C)            #将B塔上的n-1个圆盘借助A塔移动到C塔

#调用hanoi函数
try:
    n=int(input("please input a integer:"))
    print("移动步骤如下: ")
    hanoi(n, 'A', 'B', 'C')
except ValueError:
    print("please input a integer n(n>0)!")
```

程序运行结果如下：

please input a integer:3

移动步骤如下：

第1步：将1号圆盘从 A 移动到 C。

第2步：将2号圆盘从 A 移动到 B。

第3步：将1号圆盘从 C 移动到 B。

第4步：将3号圆盘从 A 移动到 C。

第5步：将1号圆盘从 B 移动到 A。

第6步：将2号圆盘从 B 移动到 C。

第7步：将1号圆盘从 A 移动到 C。

6.6 变量作用域

变量作用域是指变量可用的范围。Python 与大多数程序语言一样有局部变量和全局变量之分。当变量超出作用范围时自动消亡。

6.6.1 局部变量

局部变量是指定义在函数体内的变量。它只能被本函数使用，与函数外具有相同名称的其他变量没有任何关系。

【例6.17】 局部变量举例。

```
def func(x):
    print('x is', x)
    x=2
    print('Change local variable x to', x)
#主程序
x=50      #局部变量
func(x)
print('x is still', x)
```

程序运行结果如下：

```
x is 50
Change local variable x to 2
x is still 50
```

【解析】

步骤1：在主函数中,给 x 赋值为50。

步骤2：在 func 函数中,x 是函数的局部变量,给 x 赋值为2。

步骤3：返回主函数,最后一个 print 语句中 x 的值仍然是50,说明主函数中 x 不受 func 函数中 x 值的改变的影响。

6.6.2　全局变量

全局变量是指定义在函数体外的变量,也称为公用变量,可在其他模块和函数中使用。全局变量使用关键字 global 声明。

【例 6.18】　全局变量举例。

```
def func():
    global x
    print('x is', x)
    x=2
    print('Change global variable x to', x)
#主函数
x=50
func()
print('Value of x is', x)
```

程序运行结果如下:

```
x is 50
Changed global variable x to 2
Value of x is 2
```

【解析】　global 用来声明 x 是全局变量。在 func 函数内改变 x 的值,主函数中 x 的值也同时改变。

6.7　模块

6.7.1　命名空间

Python 中的所有代码都与一个命名空间关联。所谓命名空间可以理解为一个容器,容器内装载了许多标识符,不同容器中同名的标识符不会相互冲突。

Python 的命名空间具有 3 条规则:

(1) 赋值产生标识符,赋值的位置决定标识符所处的命名空间。

(2) 函数定义产生新的命名空间。

(3) Python 按照 L、E、G、B 4 层命名空间的顺序搜索一个标识符。

- L(local):表示在一个函数中,而且在这个函数中不包含其他函数。
- E(enclosing function):表示在一个函数中,但这个函数中还包含其他函数的定义。L 层和 E 层是相对而言的。
- G(global):指一个模块的命名空间,也就是标识符在同一个 .py 文件中,但不在同一个函数中。

- B(builtin)：Python 解释器启动时会自动载入__builtin__模块，这个模块中和列表、字符串有关的内置函数就处于 B 层的命名空间。

6.7.2 模块定义与导入

模块是最高级别的程序单元，它可以将程序代码和数据封装起来以便重用。模块比函数粒度更大，一个模块可以包含若干个函数。与函数相似，模块也分系统模块和用户自定义模块。一个用户自定义的模块就是一个.py 文件。

在 Python 中用 import 或者 from…import 来导入相应的模块，有如下方法。

方法一：将整个模块导入。

```
import 模块
```

方法二：从某个模块中导入某个函数。

```
from 模块 import 函数 1, 函数 2
```

方法三：将某个模块中的全部函数导入。

```
from 模块 import *
```

【例 6.19】 模块导入。

```
#numbers.py
def divide(a, b):
    q=a/b
    r=a-q*b
    return q, r          #q为商,r为余数
```

```
#主函数
import numbers
x, y=numbers.divide(11,8)
print("%d"%x,"%d"%y,"商%d"%q,"余数%d"%r)
```

程序运行结果如下：

```
11 8 商 1 余数 3
```

注意：numbers.py 模块必须与主函数 main.py 放在同一个目录下。

6.8 第三方包管理工具

6.8.1 pip

pip 是 Python 的包管理工具，它是 Python 3 的标准模块，无须安装。在 Anaconda

Prompt 中输入 pip 命令可以查看其使用说明,如图 6.7 所示。

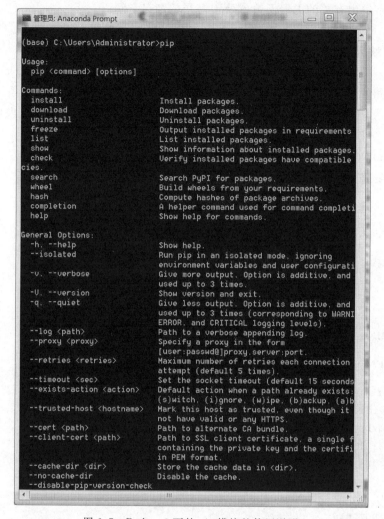

图 6.7　Python 3 下的 pip 模块的使用说明

在 Python 2 中,则需要下载和安装 pip。访问网址 https://pypi.python.org/pypi/pip,下载第二项,如图 6.8 所示。

6.8.2　安装 wheel 文件

wheel 文件是 Python 的压缩文件,类似于 zip 文件,以 .whl 为后缀。wheel 文件需要使用 pip 进行安装。

安装步骤如下:

(1) 打开 Windows 的命令提示符界面,使用 cd 命令转到 Python 安装目录。

(2) 再转到安装目录下的 Scripts 子目录,pip 就在该子目录下。

(3) 该子目录下有多个 pip 的可执行文件,建议运行 pip3.4.exe(和 Python 版本

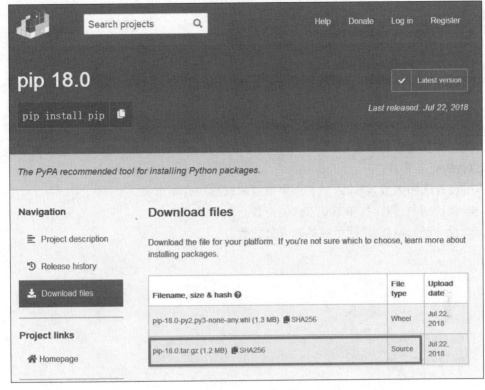

图 6.8 pip 下载网页

一致）。

（4）输入以下命令：

```
pip3.4.exe install whell 文件名
```

其中，文件名要包含完整路径。

6.8.3 将 py 文件打包成 exe 文件

将 py 文件打包成 exe 文件有多种方法，如 py2exe、pyinstaller 等。其中，PyInstaller 使用起来比较简单。安装 PyInstaller 时需在命令提示符下输入如下命令：

```
pip.exe install pyinstaller
```

将 .py 文件打包成 exe 文件，只须在命令提示符下输入

```
pyinstaller  *.py
```

该命令执行后，会在当前目录下生成 build 和 dist 两个子目录，其中，dist 目录下就是 exe 文件。

另外，通过命令 pyinstaller -p 可以查看该工具的所有可选项。

6.9 习题

1. 什么是 lambda 函数？它有什么好处？

2. 假设有 4 种硬币，面值分别为二角五分、一角、五分和一分。现在要找给顾客六角三分。怎样找零钱才能使给顾客的硬币个数最少？

3. 输入一个年份，判断其是否为闰年。

4. 若将某素数各位数字的顺序颠倒后得到的数仍是素数，则此数为可逆素数。求出100 以内的可逆素数。

5. 设计递归函数，将输入的 5 个字符以相反顺序打印出来。

6. 设计递归函数，打印 100 以内的奇数。

7. 设计递归函数，求两个数的最大公约数。

第7章　文件与数据组织

本章介绍 Python 中文件的概念,字符编码、文件的分类、文件的操作等,最后介绍 CVS 格式与数据组织的相关知识。

7.1　文件

文件是指在各种存储介质上永久存储的数据集合。例如,Word 文档以 doc 文件的形式存在,将其保存在磁盘上就是磁盘文件,将其输出到打印机上就是打印文件。

7.1.1　字符编码

常用的字符编码有 ASCII、GB2312、Unicode、UTF-8 等。

1. ASCII 编码

在计算机内部,所有的信息最终都表示为一个二进制的字符串。每一个二进制位 (bit)有 0 和 1 两种状态,8 个二进制位就可以组合出 256 种状态,称为一个字节(byte)。20 世纪 60 年代,美国制定了 ASCII 编码,将英语字符与二进制数之间的关系进行了规定,对 0~9 的 10 个数字、大小写英文字母及一些其他符号进行了编码。

2. GB2312 编码

汉字多达 10 万个左右,而 ASCII 编码只能表示 256 种符号,远远不够,因此简体中文使用 GB2312 编码,用两个字节表示一个汉字。

3. Unicode 编码

Unicode 编码将所有语言都统一到一套编码里,解决了不同编码产生的乱码问题。Unicode 的全称是 Universal Multiple-Octet Coded Character Set(通用多八位编码字符集)。Unicode 是一种抽象编码,只是一个符号集,规定了符号的二进制代码,并没有规定这些二进制代码如何存储和传输。传输编码是由 UTF(UCS Transformation Format,Unicode 字符集传输格式)规范规定的,常见的 UTF 规范包括 UTF-8、UTF-16。

4. UTF 编码

网页的源码中会有类似<meta charset="UTF-8" />的信息,表示该网页为 UTF-8 编码。UTF-8 作为互联网上使用最广泛的 Unicode 编码的实现方式之一,以 8b(1B)表示英语,以 24b(3B)表示中文及其他语言。

【例 7.1】 字符编码举例。

字符 A 和"中"的编码如表 7.1 所示。

表 7.1　字符 A 和"中"的编码

字符	ASCII	Unicode	UTF-8
A	01000001	00000000 01000001	01000001
中		01001110 00101101	11100100 10111000 10101101

7.1.2　文本文件和二进制文件

根据文件的编码形式,可将文件分为文本文件(ASCII 文件)和二进制文件。

文本文件是由 ASCII 编码字符组成的并且不带任何格式的文件,通常使用字处理软件(如 Windows 的记事本等)编辑。文本文件的读取必须从文件的头部开始,一次全部读出,不能只读取中间的一部分数据,不能跳跃式访问。文本文件的每一行文本相当于一条记录,每条记录可长可短,记录之间使用换行符分隔,不能同时进行读和写操作。文本文件的优点是使用方便,占用内存资源较少,但其访问速度较慢,并且不易维护。

二进制文件是最原始的文件类型,以字节为单位访问数据,存储与加载速度较快。二进制文件不适合阅读,不能用字处理软件进行编辑。

使用二进制文件有如下好处:

(1)节省空间。文本文件和二进制文件在存储字符型数据时并没有差别。但是在存储数字,特别是实型数字时,二进制文件更节省空间。

(2)内存中参加计算的数据都是用二进制存储的。如果存储为文本文件,则需要一个转换过程,在数据量较大时,两种文件就会有明显的速度差别。

(3)对于比较精确的数据,使用二进制存储不会造成有效位的丢失。

7.2　文件操作

读写文件就是请求操作系统打开一个文件对象(通常称为文件描述符),然后,通过操作系统提供的接口从这个文件对象中读取数据(读文件),或者把数据写入这个文件对象中(写文件)。

7.2.1　打开和关闭文件

使用 open()函数打开文件,会返回一个 file 对象。其基本语法格式如下:

```
open(filename,mode)
```

其中:

- filename:是一个包含要访问的文件名称的字符串。

• mode：打开文件的方式，如表 7.2 所示。

表 7.2　Python 打开文件的方式

模式	描　述
r	以只读方式打开文件。文件指针指向文件的开头。这是默认模式
rb	以只读方式打开二进制文件。文件指针指向文件的开头
r+	以读写方式打开文件。文件指针指向文件的开头
rb+	以读写方式打开二进制文件。文件指针指向文件的开头
w	以只写方式打开文件。如果该文件已存在，则将其内容覆盖
wb	以只写方式打开二进制文件
w+	以读写方式打开文件。如果该文件已存在，则将其内容覆盖；否则创建新文件
wb+	以读写方式打开二进制文件
a	以追加方式打开文件。如果该文件已存在，文件指针指向文件的结尾
ab	以追加方式打开二进制文件，文件指针指向文件的结尾
a+	以读写方式打开一个文件，文件指针指向文件的结尾
ab+	以读写方式打开二进制文件，文件指针指向文件的结尾

使用 close()函数关闭文件，会返回一个 file 对象。其基本语法格式如下：

```
f.close()
```

【例 7.2】　文件打开和关闭举例。

在 D:\下创建 test.txt 文件，如图 7.1 所示。

图 7.1　test.txt 文件

```
try:
    f=open('d:/test.txt','r+')        #注意文件绝对路径的写法，使用/作为分隔符
    ret=f.read()
    print(ret)
finally:
    f.close()
```

程序运行结果如下：

```
I learn Python 3
Programming is fun
```

7.2.2 读写文件

1. 读文件

读文件需要 3 个步骤:

(1) 以只读方式打开一个文件对象,使用 Python 内置的 open() 函数,传入文件名和打开方式。如果文件不存在,open() 函数就会抛出 IOError 错误。

(2) 如果文件成功打开,调用 read() 等方法读取文件内容。Python 把内容读到内存,用一个 ret 对象表示。

(3) 调用 close() 函数关闭文件。文件使用完毕必须关闭,因为文件对象会占用操作系统的资源。

读文件有如下 3 种方法。

方法一:调用 read() 函数。

read() 函数用于一次性将文件内容全部读出。也可以指定每次读多少个字节,例如 read(8) 表示从文件开始读取 5B。

【例 7.3】 read() 函数举例。

```python
f=open('d:/test.txt ','r+',encoding='utf-8')
ret=f.read(8)
print(ret)
```

程序运行结果如下:

```
I learn
```

方法二:调用 readline() 函数。

readline() 函数用于一行行地读出并显示文件内容。如果读到文件末尾,就返回一个空字符串。readline() 函数读取文件的流程图如图 7.2 所示。

【例 7.4】 readline() 函数举例。

```python
f=open('d:/ test.txt','r+',encoding='utf-8')
ret=f.readline()
print(ret)
f.close()
```

程序运行结果如下:

```
I learn Python 3
```

方法三:调用 readlines() 函数。

readlines() 一次读取整个文件并自动将文件内容按行存储为列表。

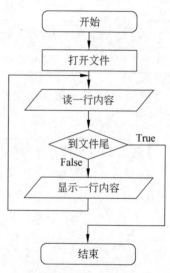

图 7.2 readline() 读取
文件的流程图

【例 7.5】 readlines()函数举例。

```
f=open('d:/ test.txt','r+',encoding='utf-8')
ret=f.readlines()
print(ret)
f.close()
```

程序运行结果如下：

```
['I learn Python 3\n', 'Programming is fun']
```

read()、readline()和 readlines()函数有以下特点：

- read()一次读取整个文件，它通常用于将文件内容放到一个字符串变量中。如果文件大小超出可用内存，可以反复调用 read(size)方法，每次最多读取 size 个字节的内容。
- readline()每次只读取一行，它通常比 readlines()慢得多。仅当没有足够内存可以一次读取整个文件时，才应该使用 readline()。
- readlines()一次读取整个文件，并自动将文件内容分解成行的列表，该列表可以由 Python 的 for…in…结构进行处理。

2. 写文件

写文件时打开文件的方法和读文件是一样的，唯一区别是调用 open()函数时传入的打开方式为'w'或'a'。写文件具有如下两种方法。

方法一：调用 write()函数。

write()函数的参数是要写入文件的字符串

【例 7.6】 write()函数举例。

```
f=open('d:/test.txt','a+',encoding='utf-8')
f.write("This is write method")
ret=f.read()
print(ret)
f.close()
```

方法二：调用 writelines()函数。

writelines()函数的参数是序列，例如将列表写入文件。

【例 7.7】 writelines()函数举例。

```
f=open('d:/test.txt','w+',encoding='utf-8')
f.writelines(["aa","bb","cc"])
ret=f.read()
print(ret)
f.close()
```

write()和 writelines()函数有以下特点：

- write()函数和 read()、readline()函数对应，是将字符串写入文件。

- writelines()函数和 readlines()函数对应,也是针对列表的操作。它接收一个字符串列表作为参数,将它们写入文件。在写入时不会自动加入换行符,因此需要显式加入换行符。

7.2.3 文件相关函数

1. readable()函数

readable()函数的一般形式为

文件对象.readable()

功能:用于判断文件是否可读,不可读则报错"No such file or directory:"。

【例 7.8】 readable()函数举例。

```
f=open('d:/test.txt','r+',encoding='utf-8')
ret=f.readable()
print(ret)
f.close()
```

程序运行结果如下:

```
True
```

2. seek()函数

seek()函数的一般形式为

文件对象.seek(offset,whence)

功能:把文件指针移动到相对于 whence 的 offset 位置。其中,offset 表示要移动的字节数,移动时,offset 为正数表示向文件末尾方向移动,为负数表示向文件开头方向移动;whence 指定移动的基准位置,为 0 表示以文件开头为基准,为 1 表示以当前位置为基准,为 2 表示以文件末尾为基准。

【例 7.9】 seek()函数举例。

```
>>>fp=open(' d:\\test.txt','r+',encoding='utf-8')
>>>fp.read()          #读取整个文件内容,文件指针移动到文件末尾
'I learn Python'
>>>fp.seek(0,0)       #把文件指针移动到文件开头
0
>>>fp.read()
'I learn Python'
>>>fp.seek(7,)        #把文件指针向文件末尾方向移动 7 个字节
7
>>>fp.read()
' Python'
```

3. next()函数

next()函数用于将文件指针移动到文件的下一行。

【例 7.10】　next()函数举例。

文件 test.txt 的内容如下：

这是第一行
这是第二行
这是第三行
这是第四行
这是第五行

程序代码如下：

```
#!/usr/bin/python3
fo=open("test.txt", "r")
print("文件名为：", fo.name)
for index in range(5):
    line=next(fo)
    print("第 %d 行-%s" %(index, line))
fo.close()
```

输出结果如下：

```
文件名为： test.txt
第 0 行-这是第一行
第 1 行-这是第二行
第 2 行-这是第三行
第 3 行-这是第四行
第 4 行-这是第五行
```

4. tell()函数

tell()函数的一般形式为

```
文件对象.tell()
```

功能：用于获取文件指针的当前位置，即文件指针相对于文件开头的字节数。

【例 7.11】　tell()函数举例。

```
f=open(' d:/test.txt','r+',encoding='utf-8')
ret=f.read(8)                              #先读取 8 个字节
print("pointer position: %s"%f.tell())     #查看文件指针当前位置
print(ret)
f.seek(0)                                  #重置文件指针到文件开头
print("pointer position: %s"%f.tell())     #查看文件指针当前位置
f.close()
```

程序运行结果如下：

```
pointer position: 8
I learn
pointer position: 0
```

5. truncate()函数

truncate()函数用于截断文件数据，仅保留从文件开头起指定字节数的数据。

【例 7.12】 truncate()函数举例。

```
f=open('d:/test.txt','r+',encoding='utf-8')
f.truncate(8)       #文件只保留前 8 个字节数据，文件后面的数据全部删除
ret=f.read()
print(ret)
f.close()
```

程序运行结果如下：

```
I learn
```

7.3 文件操作举例

【例 7.13】 文件操作举例。

```
filename='data.log'
#打开文件(a+,追加方式)
#用 with 关键字打开文件，可以对其进行读写。如果在此过程中出现问题，文件资源会自动被
回收
with open(filename, 'w+', encoding='utf-8') as file:
    print('文件名称：{}'.format(file.name))
    print('文件编码：{}'.format(file.encoding))
    print('文件打开方式：{}'.format(file.mode))
    print('文件是否可读：{}'.format(file.readable()))
    print('文件是否可写：{}'.format(file.writable()))
    print('此时文件指针位置为{}'.format(file.tell()))
    #写入内容
    num=file.write("第一行内容")
    print('写入文件 {} 个字符'.format(num))
    #文件指针在文件结尾，故无内容
    print(file.readline(), file.tell())
    #将文件指针移动到文件开头
    file.seek(0)
    #移动文件指针后，读取第一行内容
    print(file.readline(), file.tell())
    #但文件指针的改变并不影响写入的位置
```

```
file.write('第二次写入的内容')
#文件指针又回到了文件尾
print(file.readline(), file.tell())
#file.read()从当前文件指针位置读取指定长度的字符
file.seek(0)
print(file.read(9))
#按行分解文件,返回字符串列表
file.seek(0)
print(file.readlines())
#迭代文件对象,一行一个元素
file.seek(0)
for line in file:
    print(line, end='')
#关闭文件资源
if not file.closed:
    file.close()
```

程序运行结果如下:

```
文件名称: data.log
文件编码: utf-8
文件打开模式: w+
文件是否可读: True
文件是否可写: True
此时文件指针位置为 0
写入文件 5 个字符
15
第一行内容 15
39
第一行内容第二次写
['第一行内容第二次写入的内容']
第一行内容第二次写入的内容
```

7.4　数据组织

7.4.1　维度

为了从多个角度分析数据,引用维度的概念。维度是指事物或现象的某种特征,例如性别、地区、时间等都是维度。数据按维度划分一般有一维数据和二维数据。在 Python 语言中,一维数据采用线性方式组织,对应列表、元组和集合等概念;二维数据由多个一维数据构成,是一维数据的组合形式,对应表格等概念。

1. 一维数据

根据数据是否有序,分别用不同的数据类型表示数据。

（1）数据有序时，使用列表类型，例如 ls＝[3.1398,3.1349,3.1376]。列表类型可以表示一维有序数据，可以采用 for 循环遍历数据，进而对每个数据进行处理。

（2）数据无序时，使用集合类型，例如 st＝{3.1398,3.1349,3.1376}。集合类型可以表示一维无序数据，也可以采用 for 循环遍历数据，进而对每个数据进行处理。

2. 二维数据

列表类型可以表示二维数据。列表类型可以使用两层 for 循环遍历每个数据。

【例 7.14】 二维数据遍历举例。

```
list2d=[[3.1398, 3.1349, 3.1376], [3.1413, 3.1404, 3.1401] ]
for i in range(len(list2d)):
    for j in range(len(list2d[0])):
        print(list2d[i][j])
```

7.4.2 CSV 格式

CSV 是 Comma-Separated Values 的缩写，译为逗号分隔值，是国际通用的一维数据和二维数据存储格式，一般以 csv 为扩展名。其特点是每行为一个一维数据，采用逗号分隔，无空行。二维数据的存储一般按先行后列存储。

1. 将一维数据存储为 CVS 文件

【例 7.15】 将一维数据存储为 CVS 文件举例。

```
fo=open('d:\\test2.cvs','w+')
ls=['北京','101.5','120.7','121.4']
fo.write(",".join(ls)+"\n")
fo.close()
```

write()函数中的""，".join(ls)"表示生成一个新的字符串，它由逗号分隔 ls 列表中的元素形成。

2. 将二维数据存储为 CVS 文件

对于列表中存储的二维数据，可以通过循环写入一维数据的方式写入 CVS 文件，参考代码格式如下：

```
for row in ls:
    <输出文件>.write(",".join(row)+'\n')
```

【例 7.16】 将二维数据存储为 CVS 文件举例。

```
fo=open('d:\\test2.cvs','w+')
ls=[['北京''101.5','120.7','121.4'],['上海''1.1','2','3']]
for row in ls:
```

```
        fo.write(",".join(row)+"\n")
fo.close()
```

输出结果如图 7.3 所示。

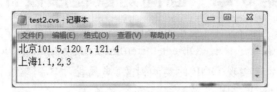

图 7.3　程序运行结果

7.5　习题

1. 什么是文件？文件分为几类？各是什么？
2. Python 如何读取文件？
3. CSV 是什么？
4. 编程读取文件的奇数行。
5. 编程统计一个文件中的单词个数。

第 8 章　面向对象程序设计

本章讲述面向对象程序设计(Object-Oriented Programming,OOP)的基本概念和三大特性,Python 语言如何实现 OOP 的类和对象,类属性和实例属性,对象方法、类方法和静态方法,构造函数和析构函数以及继承性和多态性等。

8.1　面向对象概述

8.1.1　类与对象

Python 是面向对象的程序设计语言。面向对象方法把现实世界的实体映射成计算机世界中的对象,不同的对象具有不同的属性、方法及其能够响应的事件。以人为例,人类是所有人的抽象,它不是一个具体的人,只是概念上的人。将类实例化为对象,如张三、男、1984 年 9 月出生、身高 180cm、体重 78kg,张三就是一个具体的对象,具有姓名、性别、出生日期、身高、体重等属性,具有思考、学习等行为,张三对于奖励或惩罚等外部事件会做出不同的反应,如高兴、悲伤等。

Python 使用 class 关键字构造类,并在类中定义属性和方法。通常认为类是对象的模板,对象是类的实例。

声明类的语法格式如下:

```
class 类名:
    属性定义    #变量定义
    方法定义    #函数定义
```

说明:

(1) 定义类的关键字为 class,类名第一个字母通常大写。

(2) 对象通过在类名后加上括号来创建。

(3) 类具有属性和方法。

【例 8.1】 Python 中的类和对象举例。

程序代码如下:

```
class Person:                  #声明 Person 类
    name="zhou"                #公有类属性
    age=25                     #公有类属性
    def sayHi(self):           #公有方法
        print('Hello, how are you? ')
print(Person.name)
```

```
print(Person.age)          #类属性直接通过类名引用
p=Person()                 #创建对象 p
p.sayHi()
```

程序运行结果如下：

```
zhou
25
Hello, how are you?
```

8.1.2 三大特性

面向对象程序设计具有封装性、继承性和多态性三大特性。

1. 封装性

封装是隐藏对象的属性和实现细节，仅对外公开接口，控制对程序中属性的读和修改的访问级别。封装性可以让使用者不必了解具体的实现细节，而只能通过外部接口，按特定的访问权限来使用类的成员，从而不但可以防止外部程序破坏类的内部数据，而且便于程序的维护和修改。

2. 继承性

继承是一种连接类与类的层次模型，利用现有类派生出新类的过程称为继承。新类拥有原有类的特性，又增加了自身新的特性。继承性可以简化类和对象的创建工作量，增强代码的可重用性。对于一个派生类，如果只有一个基类，称为单继承；如果同时有多个基类，称为多继承。单继承可以看成是多继承的一个最简单的特例，而多继承可以看成是多个单继承的组合。图 8.1(a)是单继承，运输汽车类和专用汽车类就是从汽车类中派生而来的；图 8.1(b)则是多继承，孩子类从父亲类和母亲类两个类综合派生而来。

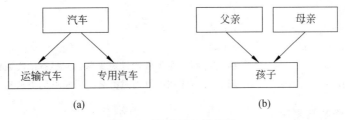

图 8.1 单继承与多继承

3. 多态性

多态性（polymorphism）一词来源于希腊语，poly 表示多的意思，morphos 表示形态的意思，polymorphism 是指同一种事物具有多种形态。在自然语言中，多态性是一词多义，是指相同的动词作用到不同类型的对象上。例如，驾驶摩托车、驾驶汽车、驾驶飞机、驾驶轮船、驾驶火车等这些行为都具有相同的动作——"驾驶"，但它们各自作用的对象不同,其具体的驾驶动作也不同,但是都表达了同样的一种含义——驾驶交通工具。

在 OOP 中,多态性是指两个或多个对象对于同一消息作出不同响应的方式。多态性增强了程序的灵活性和可扩展性,使得程序可以以不变应万变,不论对象如何变化,使用者都是用同一种形式去调用,从而为软件开发和维护提供了极大的方便。

8.2 类属性与实例属性

Python 的属性有两种,一种是实例属性,另一种是类属性。

8.2.1 类属性

类属性是在类中方法之外定义的属性,又分为公有属性和私有属性。C++ 通过 public 和 private 关键字区别公有属性和私有属性;而 Python 是以属性命名方式来区分,如果在属性名前面加了两个下画线(__),则表明该属性是私有属性,否则为公有属性。

1. 类属性的访问

(1)公有属性为类的所有对象共有,在类外可以通过类名和对象名两种方式访问。
- 通过类名访问类属性,将给出类属性的数值。
- 通过对象名访问类属性,实例属性会强制屏蔽类属性,将给出实例属性的数值。

(2)私有属性不能在类外通过类名和对象名访问,这增强了程序代码的健壮性。

【例 8.2】 类属性举例。

程序代码如下:

```
class People:
    name='jack'              #公有的类属性
    __age=12                 #私有的类属性
p=People()
print(p.name)               #正确
print(People.name)          #正确
print(p.__age)              #错误,不能在类外通过对象名访问私有的类属性
print(People.__age)         #错误,不能在类外通过类名访问私有的类属性
```

2. 类属性修改与删除

类属性修改必须通过实例进行,类属性在修改时会产生一个同名的实例属性副本,类属性的修改实际是实例属性副本的修改,而不是类属性本身的修改,不会影响到类属性数值,从而保护了类属性。通过实例属性所访问的数值就是类属性的数值。

【例 8.3】 修改类属性。

程序代码如下:

```
class People:
```

```
        country='china'              #类属性
    print(People.country)            #输出类属性的值'china'
    p=People()                       #类的实例——对象 p
    print(p.country)                 #输出类属性的值'china'
    p.country='japan'                #修改实例属性的值为'japan'
    print(p.country)                 #实例属性会屏蔽同名的类属性,输出的值为'japan'
    print(People.country)            #输出类属性的值'china'
    del p.country                    #删除实例属性的值'japan'
    print(p.country)                 #输出类属性的值'china'
```

程序运行结果如下:

```
china
china
japan
china
china
```

8.2.2 实例属性

实例属性作为实例对象的属性,只为单独的特定对象所拥有。实例属性一般有如下两种定义方式:

(1) 实例属性不在类中,而在类外显式定义。

(2) 实例属性在类中的构造函数__init__中定义,定义时以 self 作为前缀。

【例 8.4】 在类外定义的实例属性举例。

程序代码如下:

```
class People:
    name='jack'                      #类属性 name
p=People()
p.age=12                             #实例属性 age 在类 People 之外定义
print(p.name)                        #正确
print(p.age)                         #正确
print(People.name)                   #正确
print(People.age)                    #错误
```

【解析】 程序运行时会给出"AttributeError:type object 'People' has no attribute 'age'"的错误,这是由于类 People 只有类属性 name。随后声明了实例对象 p,age 作为对象 p 的实例属性,没有在类中显式定义。实例属性 age 是实例对象 p 所特有的,类 People 并不拥有它,不能通过类来访问。

【例 8.5】 在类的构造函数中定义的实例属性举例。

程序代码如下:

```
class People:
```

```
    name='jack'
    #__init__()是内置的构造方法,在实例化对象时自动调用
    def __init__(self,age):
        self.age=age

p=People(12)
print(p.name)                    #正确
print(p.age)                     #正确
print(People.name)               #正确
print(People.age)                #错误
```

【解析】 类 People 只有类属性 name。随后声明了实例对象 p,age 作为对象 p 的实例属性,在构造函数 __init__ 中定义,定义时以 self 作为前缀。

8.3　方法

Python 方法分为对象方法、类方法和静态方法。其中,对象方法具有 self 参数;类方法使用修饰器@classmethod,具有 cls 参数;静态方法使用修饰器@staticmethod,没有参数。

【例 8.6】 3 种方法举例。

程序代码如下:

```
class MyClass:
    def method(self):          #对象方法
        print("method")
    @classmethod               #类方法
    def classMethod(cls):
        print("class method")
    @staticmethod              #静态方法
    def staticMethod():
        print("static method")
```

8.3.1　对象方法

对象方法分为公有方法和私有方法两种,通过命名方式进行区分。如果在方法名前面加两个下画线,表示该方法是私有方法,否则为公有方法。对象方法与普通函数只有一个区别,必须有额外的第一个参数名称(self),self 等同于 C++语言的 this 指针,用于指向对象本身。当对象调用该方法时,Python 就将对象作为第一个参数传递给 self。

1. 公有方法

公有方法通过对象名调用。

【例 8.7】 公有方法举例。

程序代码如下：

```
class Person:                 #声明 class 类
    def sayHi(self):          #公有方法
        print('Hello, how are you?')
p=Person()                    #创建对象 p
p.sayHi()
```

程序运行结果如下：

```
Hello, how are you?
```

2. 私有方法

私有方法不能通过对象名调用，只能在对象的公有方法中通过 self 调用。

【例 8.8】 私有方法举例。

程序代码如下：

```
class Person:
    def __sayHi(self):        #私有方法
        print ('Hello, how are you?')
    def output(self):
        self.__sayHi()        #只能在对象的公有方法中通过 self 调用
p=Person()                    #创建对象 p
p.__sayHi()                   #错误,不能通过对象名调用
p.output()
```

程序运行结果如下：

```
Hello, how are you?
```

8.3.2 类方法

类方法属于类，通过 Python 的修饰器@classmethod 实现，类方法只能通过类名调用中具有 cls 参数。

【例 8.9】 类方法举例。

程序代码如下：

```
class MyClass:
    @classmethod
    def classMethod(cls):
        print("class method")
MyClass.classMethod()
```

程序运行结果如下：

```
class method
```

8.3.3 静态方法

静态方法属于类,通过 Python 的修饰器@staticmethod 实现,只能通过类名调用,不能访问属于对象的成员,只能访问属于类的成员。

【例 8.10】 静态方法举例。

程序代码如下:

```
class Fruit:
    price=0
    @staticmethod
    def getPrice():                    #定义静态方法 getPrice
        return Fruit.price
    @staticmethod
    def setPrice(p):                   #定义静态方法 setPrice
        Fruit.price=p
#主程序
print(Fruit.getPrice())
Fruit.setPrice(9)
print(Fruit.getPrice())
```

程序运行结果如下:

```
0
9
```

8.4 构造函数与析构函数

一般来说,对象的生命周期从构造函数开始,以析构函数结束。

8.4.1 构造函数

__init__方法作为 Python 类的一种特殊方法,方法名的开始和结束都是双下画线,该方法称为构造函数,用来为属性设置初值。每次创建类的实例时,构造函数都会自动执行,为对象分配内存。__init__方法的第一个参数永远是 self,表示创建的实例本身。

构造函数的语法格式为

```
def __init__():
    函数体
```

【例 8.11】 构造函数举例。

程序代码如下:

```
class Person:
```

```
    def __init__(self, name):
        self.name=name
    def sayHi(self):
        print('Hello, my name is', self.name)
p=Person("zhou")
p.sayHi()
```

程序运行结果如下：

```
Hello, my name is zhou
```

注意：__init__方法是可选的，但是子类一旦定义，就必须显式调用父类的__init__方法。

8.4.2　析构函数

析构函数是__del__，用来释放对象占用的资源，完成内存清理工作，又称为垃圾收集器。

【例8.12】 析构函数举例。

程序代码如下：

```
class Car:
    def __init__(self,num):            #构造函数
        self.num=num
        print('number ', self.num, 'object is born...')
    def __del__(self):                 #析构函数
        print('number ', self.num, 'object is dead...')
car1=Car(1)
car2=Car(2)
del car1
del car2
```

程序运行结果如下：

```
number 1 object is born...
number 2 object is born...
number 1 object is dead...
number 2 object is dead...
```

8.5　继承性

继承性通过派生类和基类实现，被继承的基类又称为父类（base class）或超类（super class），而新类称为子类或派生类（subclass）。

Python继承语法如下：

```
class SubClassName (ParentClass1[, ParentClass2, ...]):
    class_suite
```

说明：

（1）基类只是简单地列在类名后面的括号里。

（2）Python 支持多重继承，即派生类继承多个基类，只须在类名后面的括号中列出多个类名即可，类名之间以逗号分隔。

（3）基类的构造函数（__init__方法）不会被自动调用，必须在派生类中显式调用父类的__init__方法。

（4）调用基类的方法时，需要加上基类的类名作为前缀，带上 self 参数变量；而在类中调用普通函数时并不需要带上 self 参数。

【例 8.13】 单继承举例。

学校教师和学生的情况有一些共同属性，如姓名、年龄和地址。他们也有各自专有的属性，例如教师具有薪水等属性，而学生具有成绩等属性。如果教师和学生是两个独立的类，则要增加一个新的共有属性，就意味着要在这两个独立的类中都要增加，这较为烦琐。继承的方式是创建一个共同的类（SchoolMember）作为教师类和学生类的父类。当要为教师和学生都增加一个新的属性时，只须在 SchoolMember 类中增加即可。

程序代码如下：

```python
class SchoolMember:
    def __init__(self, name, age):
        self.name=name
        self.age=age
        print('(Initialized SchoolMember: %s)' %self.name)
    def tell(self):
        print('Name:"%s" Age:"%s"' %(self.name, self.age),)


class Teacher(SchoolMember):
    def __init__(self, name, age, salary):
        SchoolMember.__init__(self, name, age)
        self.salary=salary
        print('(Initialized Teacher: %s)' %self.name)
    def tell(self):
        SchoolMember.tell(self)
        print('Salary: "%d"' %self.salary)


class Student(SchoolMember):
    def __init__(self, name, age, marks):
        SchoolMember.__init__(self, name, age)
#子类的构造函数必须显式调用基类的构造函数
        self.marks=marks
        print('(Initialized Student: %s)' %self.name)
    def tell(self):
        SchoolMember.tell(self)
```

```
        print('Marks: "%d"' %self.marks)
t=Teacher('zhou', 40, 30000)
s=Student('pan', 22, 75)
members=[t, s]
for member in members:
    member.tell()
```

程序运行结果如下：

```
(Initialized SchoolMember: zhou)
(Initialized Teacher: zhou)
(Initialized SchoolMember: pan)
(Initialized Student: pan)
Name:"zhou" Age:"40"
Salary: "30000"
Name:"pan" Age:"22"
Marks: "75"
```

【例 8.14】 多继承举例。

C 类同时继承了 A 类和 B 类，也继承了 get()方法。

程序代码如下：

```
class A:
    def get(self):
        print("I'm A")
class B:
    def get(self):
        print("I'm B")
class C(A,B):
        print("I'm C")

c=C()
c.get()
```

程序运行结果如下：

```
I'm C
I'm A
```

【解析】 C 类同时继承了 A 类、B 类，但是 A 类、B 类中都有 get()方法，在这里显然是先调用了首先传进来的那个类的方法。

8.6 多态性

多态性是指不同的对象在接收同一条消息时会产生不同的行为。也就是说，每个对象可以用自己的方式去响应同样的消息。

【例8.15】 计算图形面积。

【解析】 计算图形面积时,由于图形的形状不同,使用的计算方法也不同。例如,圆的面积为3.14×半径×半径,长方形的面积为长×宽等。因此,计算图形面积可以使用多态性来实现。

程序代码如下:

```python
import math
class Shape:                          #基类
    def area(self):
        print()


class circle(Shape):                  #圆
    def __init__(self,r):
        self.r=r
    def area(self,r):                 #圆的面积
        print("The area of circle is ",3.14 * r * r)


class triangle(Shape):                #三角形
    def __init__(self,x,y,z):
        self.x=x
        self.y=y
        self.z=z
    def area(self,x,y,z):             #三角形的面积
        p=(x+y+z)/2
        s=math.sqrt(p * (p-x) * (p-y) * (p-z))
        print("The area of triangle is ",s)


class rectangle(Shape):               #矩形
    def __init__(self,a,b):
        self.a=a
        self.b=b
    def area(self,a,b):               #矩形的面积
        print("The area of rectangle is ",a * b)


o=circle(3)
t=triangle(3,4,5)
r=rectangle(6,7)


o.area(3)
t.area(3,4,5)
r.area(6,7)
```

程序运行结果如下:

```
The area of circle is 28.259999999999998
```

```
The area of triangle is 6.0
The area of rectangle is 42
```

8.7　习题

1. 面向对象程序设计的三大特性各有什么用处？
2. 类属性和实例属性有什么区别？
3. 如何理解对象方法、类方法和静态方法？
4. 阅读如下代码，给出输出结果。

（1）

```
class People(object):
    __name="zhou"
    __age=18


p1=People()
print(p1.__name, p1.__age)
```

（2）

```
class People(object):
    def __init__(self):
        print("__init__")
    def __new__(cls, *args, **kwargs):
        print("__new__")
        return object.__new__(cls, *args, **kwargs)
People()
```

5. 学校成员类（SchoolMember）具有成员的姓名和总人数。教师类（Teacher）继承学校成员类，具有工资属性。学生类（Student）继承学校成员类，具有成绩属性。要求：创建教师和学生对象时，总人数加 1；对象减少，则总人数减 1。

第 9 章　tkinter 的 GUI 设计

tkinter 模块（Tk 接口）是 Python 的标准图形用户接口（Graphic User Interface，GUI）工具包的接口。本章介绍 tkinter 编程的相关内容，包括标签、文本框、按钮、列表框、滚动条和对话框等常用控件以及 pack、grid、place 和 Frame 4 种布局方法，最后介绍 tkinter 的事件响应。

9.1　概述

用户界面作为程序最重要的部分，主要负责用户与应用程序之间的交互，设计时往往需要考虑使用单文档界面还是多文档界面，包含多少个独立的窗体，菜单中将包含什么选项，工具栏是否有必要重复菜单的功能，与用户交互时使用何种形式，应用程序能够提供多少帮助信息。

9.1.1　界面设计原则

界面设计一般应遵循如下原则：

（1）界面具有一致性。一致性原则在界面设计中最容易被忽视，同时也最容易修改。例如，在菜单和联机帮助中必须使用相同的术语，对话框必须具有相同的风格，等等。

（2）常用操作设置快捷键。常用操作的使用频度大，应该减少操作序列的长度。例如，为文件的常用操作（如打开、存盘、另存等）设置快捷键。为常用操作设计捷径，不仅会提高用户的工作效率，还可简捷、高效地实现界面上的功能。

（3）提供简单的错误处理。系统能检测错误，并提供快速、简单的处理办法。

（4）提供信息反馈。对常用操作和简单操作可以不反馈，但是对不常用操作和至关重要的操作，应提供信息的反馈。

（5）操作可逆。可逆的动作可以是单个的操作，也可以是一个相对独立的操作序列。

（6）联机帮助。对于不熟练的用户来说，良好的联机帮助具有非常重要的作用。

9.1.2　Python 的 GUI 工具

许多优秀的 GUI 工具可以集成到 Python 中，常用的 GUI 有如下几种。

（1）tkinter：是 Python 的标准 GUI 工具包接口。

（2）wxPython：是一款开源软件。作为 Python 语言的优秀 GUI 图形库，它能快速、方便地创建完整、功能键全的用户界面。wxPython 的下载网址是 http://wxpython.org/download.php。

(3) Jython:可与 Java 无缝集成,直接使用 Java 中的 Swing、AWT 或者 SWT。

9.2　tkinter 概述

tkinter 不但可以在 UNIX 平台下使用,也可应用于 Windows 和 Macintosh 系统。tkinter 内置在 Python 中,可以快速创建 GUI 应用程序。

导入 tkinter 模块一般采用如下 3 种方法之一:

(1) 导入 Tkinter 模块:

```
import tkinter
```

(2) 导入 tkinter 为 tk:

```
import tkinter as tk
```

(3) 导入 tkinter 的所有内容:

```
from tkinter import *
```

使用 tkinter 进行 GUI 设计一般分为如下 4 个步骤:

(1) 引入 tkinter:

```
import tkinter as tk
```

(2) 建立主窗口:

```
window=tk.Tk()
```

(3) 添加窗口部件,如标签、命令按钮、文本输入区域等,将其放置于主窗口。

(4) 进入事件循环:

```
window.mainloop()
```

【例 9.1】　最简单的 GUI 举例。

```
import tkinter            #导入 tkinter 模块
top=tkinter.Tk()
top.mainloop()           #进入消息循环
```

运行结果如图 9.1 所示。

图 9.1　例 9.1 程序运行结果

9.3 常用控件

tkinter 包括多种控件,如标签、文本框、按钮、滚动条等,常用控件如表 9.1 所示。

表 9.1 tkinter 的常用控件

控 件	名 称	描 述
Button	按钮	显示按钮
Canvas	画布	显示图形元素,如线条或文本
Checkbutton	复选框	显示多项选择框
Entry	输入框	显示简单的文本输入框
Frame	框架	显示一个矩形区域,多用来作为容器
Label	标签	显示文本和位图
Listbox	列表框	显示字符串列表
Menu	菜单	显示菜单栏、下拉菜单和弹出菜单
Messagebox	消息框	显示多行文本,与 Label 类似
Radiobutton	单选按钮	显示单选按钮
Scale	范围	显示为输出限定范围的数值区间
Scrollbar	滚动条	当内容超过可视化区域时使用,如较长的列表框
Text	文本框	显示多行文本
simpledialog	对话框	用于应用程序与用户之间进行信息交互

9.3.1 标签

标签可以使用 tkinter 中的 Label() 方法生成。

【例 9.2】 标签举例。

```
from tkinter import *
root=Tk() #初始化 Tk()
root.title("label-test")                        #设置窗口标题
root.geometry("200x300")                        #设置窗口大小
root.resizable(width=True, height=False)        #设置窗口是否可以变化
l=Label(root, text="label", bg="pink", font=("Arial",12), width=8, height=3)
l.pack(side=LEFT)                               #side 可以赋值为 LEFT、RIGHT、
                                                 TOP、BOTTOM

root.mainloop()                                 #进入消息循环
```

程序运行结果如图 9.2 所示。

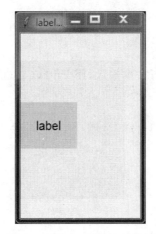

图 9.2　例 9.2 程序运行结果

9.3.2　文本框

Text()方法用于创建一个文本框,实现数据的录入和结果展示。

【例 9.3】　文本框举例。

```
from tkinter import *
root=Tk()                                    #初始化 Tk()
root.title("text-test")                      #设置窗口标题
root.geometry("300x200")                     #设置窗口大小
root.resizable(width=True, height=False)     #设置窗口是否可以变化
t=Text(root)
t.insert('1.0',"text1\n")                    #插入
t.pack()
root.mainloop()                              #进入消息循环
```

程序运行结果如图 9.3 所示。

图 9.3　例 9.3 程序运行结果

9.3.3　输入框

输入框用于接收用户的单行文本输入，用 Entry()方法创建。get()函数的返回值即输入框的内容。

【例 9.4】　输入框举例。

```python
from tkinter import *
root=Tk()

#按钮调用的函数
def reg():
    User=e_user.get()
    Pwd=e_pwd.get()
    len_user=len(User)
    len_pwd=len(Pwd)
    if User=='111' and Pwd=='222':
        l_msg['text']='登录成功'
    else:
        l_msg['text']='用户名或密码错误'
        e_user.delete(0,len_user)
        e_pwd.delete(0,len_pwd)

#第一行,用户名标签及输入框
l_user=Label(root,text='用户名：')
l_user.grid(row=0,sticky=W)
e_user=Entry(root)
e_user.grid(row=0,column=1,sticky=E)

#第二行,密码标签及输入框
l_pwd=Label(root,text='密码：')
l_pwd.grid(row=1,sticky=W)
e_pwd=Entry(root)
e_pwd['show']='*'
e_pwd.grid(row=1,column=1,sticky=E)

#第三行,登录按钮及 command 绑定事件
b_login=Button(root,text='登录',command=reg)
b_login.grid(row=2,column=1,sticky=E)

#登录是否成功提示
l_msg=Label(root,text='')
l_msg.grid(row=3)

root.mainloop()
```

程序运行结果如图 9.4 所示。

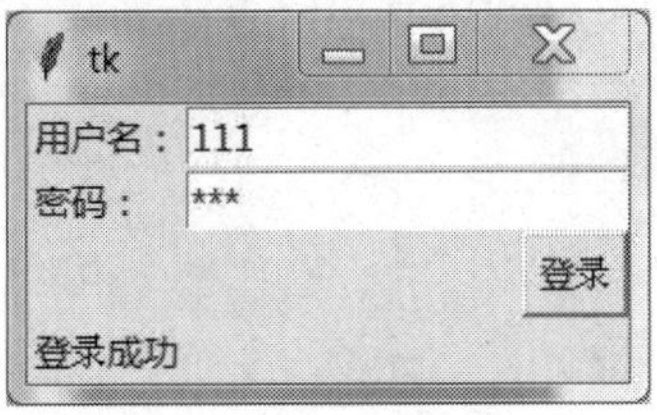

图 9.4　例 9.4 程序运行结果

9.3.4　单选按钮

单选按钮用于文字或者图像的多选一,用 Radiobutton() 方法创建。

【例 9.5】　单选按钮举例。

```python
import tkinter as tk
window=tk.Tk()
window.title('my window')
window.geometry('200x200')
var=tk.StringVar()
l=tk.Label(window,bg='pink',width=20,text='empty')
#当未单击 Radiobutton 时,标签中显示这里的 text
l.pack()
def print_selection():
    l.config(text='you have selected '+var.get())
    #当单击 Radiobutton 时,标签中会显示对应的选项
r1=tk.Radiobutton(window,text='Option A',variable=var,value='A',command=
print_selection)
#这里的 command 是对应单选按钮的处理函数
r1.pack()
r2=tk.Radiobutton(window,text='Option B',variable=var,value='B',command=
print_selection)
r2.pack()
r3=tk.Radiobutton(window,text='Option C',variable=var,value='C',command=
print_selection)
r3.pack()
window.mainloop()       #这里相当于 while 的无限循环
```

程序运行结果如图 9.5 所示。

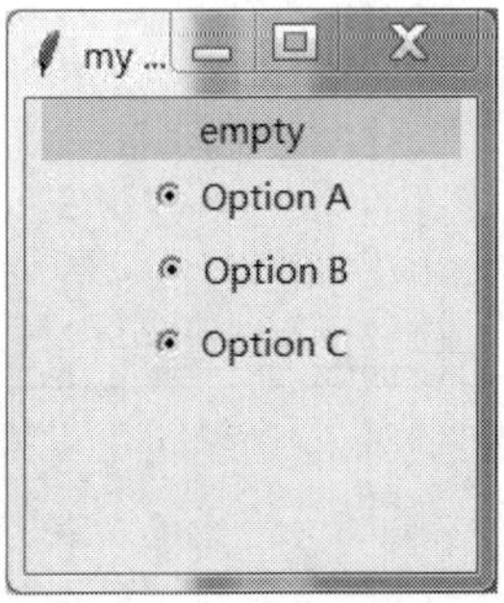

9.3.5　复选框

单选按钮只允许用户选择其中一项,而复选框
(Checkbutton)允许用户在多个选项中选择多项。通常,

图 9.5　例 9.5 程序运行结果

复选框会显示为一个空白的方框(表示 False,即未被选中),或者方框中有一个√或×(表示 True,即被选中)。复选框用 Checkbutton()方法创建

【例 9.6】 复选框举例。

```
from tkinter import *
master=Tk()
var1=IntVar()
Checkbutton(master, text="male", variable=var1).grid(row=0, sticky=W)
var2=IntVar()
Checkbutton(master, text="female", variable=var2).grid(row=1, sticky=W)
mainloop()
```

程序运行结果如图 9.6 所示。

9.3.6 按钮

图 9.6 例 9.6 程序运行结果

用户通过单击按钮触发相应事件。可以使用 tkinter 的 Button()方法创建按钮。

【例 9.7】 命令按钮举例。

```
from tkinter import *
root=Tk()                      #初始化 Tk()
root.title("button-test")      #设置窗口标题
root.geometry()

def printhello():
    t.insert(END,"hello\n")
t=Text()
t.pack()
Button(root, text="press", command=printhello).pack()
root.mainloop()                #进入消息循环
```

程序运行结果如图 9.7 所示。

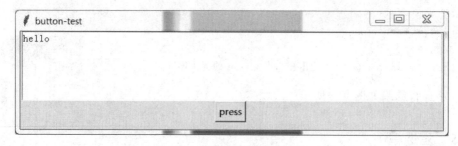

图 9.7 例 9.7 程序运行结果

9.3.7 列表框

列表框中包含一个或者多个文本框。可以使用 tkinter 提供的 Listbox()方法创建列表框。

【例 9.8】 列表框举例。

```
from tkinter import *          #导入 tkinter 库
root=Tk()                       #创建窗口对象的背景色
li  =['C','python','php','html','SQL','java']
listb =Listbox(root)            #创建列表框
for item in li:                 #插入数据
    listb.insert(0,item)
listb.pack()                    #将列表框放置到主窗口中
root.mainloop()                 #进入消息循环
```

程序运行结果如图 9.8 所示。

9.3.8 滚动条

如果要显示的文本内容较多,可以在文本框右侧或下方使用滚动条。tkinter 提供了 Scrollbar()方法用于创建滚动条。

图 9.8 例 9.8 程序运行结果

【例 9.9】 滚动条举例。

```
from tkinter import *
root=Tk() #初始化 Tk()
root.title("scrl-test")         #设置窗口标题
root.geometry()                 #设置窗口大小

var=StringVar()
lb=Listbox(root, height=5, selectmode=BROWSE, listvariable=var)
list_item=[1,2,3,4,5,6,7,8,9,0]
for item in list_item:
    lb.insert(END,item)
scrl=Scrollbar(root)
scrl.pack(side=RIGHT,fill=Y)
lb.configure(yscrollcommand=scrl.set)
```
#指定 Listbox 的 yscrollbar 的回调函数为 Scrollbar 的 set,表示滚动条在窗口变化时实时更新
```
lb.pack(side=LEFT,fill=BOTH)
scrl['command']=lb.yview #指定 Scrollbar 的 command 的回调函数是 Listbox 的 yview
root.mainloop()
```

程序运行结果如图 9.9 所示。

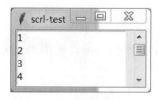

图 9.9　例 9.9 程序运行结果

9.3.9　对话框和消息框

对话框仅用于应用程序与用户之间进行信息交互。当对话框中有必须输入的信息时，将阻塞别的构件接收用户事件，直到该对话框被关闭。tkinter 库中提供了对话框控件和消息框控件。

【例 9.10】　对话框举例。

```python
import tkinter
#建立一个对话框
import tkinter.simpledialog as dl
#建立一个消息框
import tkinter.messagebox as mb

#创建控件
top=tkinter.Tk()
mb.showinfo("MessageBox-Title","这是一个猜数字游戏")
number=5      #猜数字游戏的正确答案
while True:
    #输入对话框
    input_number=dl.askinteger("SimpleDialog-Title","Input Number")
    if input_number==number:
        output_dialog="正确"
        mb.showinfo("Right",output_dialog)
        break
    elif input_number<number:
        output_dialog="有点小"
        mb.showinfo("<",output_dialog)
    elif input_number>number:
        output_dialog="有点大"
        mb.showinfo(">",output_dialog)
```

程序运行结果如图 9.10 所示。

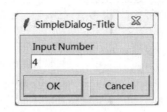

图 9.10 例 9.10 程序运行结果

9.4 布局

布局是指控制窗体容器中各个控件的位置关系。tkinter 提供了 pack()、grid()、place() 和 Frame() 4 种方法实现布局。

9.4.1 pack() 方法

pack() 方法采用块的方式组织控件,根据控件创建的顺序将控件添加到父控件中。通过设置相同的锚点(anchor)将一组控件紧挨着放置。如果不指定任何选项,默认在父控件中自顶向下添加控件。

使用 pack() 方法布局的通用格式为

```
WidgetObject.pack(option, …)
```

pack() 方法的参数如表 9.2 所示。

表 9.2 pack() 方法的参数

参　数	含　义	取　值	取值说明
fill	设置控件是否沿水平或垂直方向填充	X、Y、BOTH 和 NONE	fill＝X 表示沿水平方向填充,fill＝Y 表示沿垂直方向填充,fill＝BOTH 表示沿水平和垂直方向填充,fill＝NONE 表示不填充
expand	设置控件是否展开。当值为 YES 时,side 选项无效。控件显示在父控件中心位置;若 fill 选项为 BOTH,则填充父控件的剩余空间。默认为不展开	YES(1)、NO(0)	expand＝YES/NO
side	设置控件的对齐方式	LEFT、TOP、RIGHT、BOTTOM	分别为左对齐、顶对齐、右对齐、底对齐

续表

参　数	含　义	取　值	取值说明
ipadx、ipady	设置 x、y 方向内部间隙(子控件之间的间隔)	可设置数值,默认值是 0	非负整数,单位为像素
padx、pady	设置 x、y 方向外部间隙(与之并列的控件之间的间隔)	可设置数值,默认值是 0	非负整数,单位为像素
anchor	锚选项,当可用空间大于所需的尺寸时,决定控件被放置于容器的何处	N、E、S、W、NW、NE、SW、SE、CENTER(为默认值)	表示 8 个方向以及中心

【例 9.11】　pack()方法举例。

程序代码如下:

```
from tkinter import *        #注意模块导入方式,否则代码会有差别
class App:
    def __init__(self, master):
        #使用 Frame 增加一层容器
        fm1=Frame(master)
        #Button 是按钮控件,与 Label 类似,只是多出了响应单击事件的功能
        Button(fm1, text='Top').pack(side=TOP, anchor=W, fill=X, expand=
        YES)
        Button(fm1, text='Center').pack(side=TOP, anchor=W, fill=X, expand=
        YES)
        Button(fm1, text='Bottom').pack(side=TOP, anchor=W, fill=X, expand=
        YES)
        fm1.pack(side=LEFT, fill=BOTH, expand=YES)

        fm2=Frame(master)
        Button(fm2, text='Left').pack(side=LEFT)
        Button(fm2, text='This is the Center button').pack(side=LEFT)
        Button(fm2, text='Right').pack(side=LEFT)
        fm2.pack(side=LEFT, padx=10)

root=Tk()
root.title("Pack-Example")
display=App(root)
root.mainloop()
```

程序运行结果如图 9.11 所示。

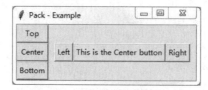

图 9.11　例 9.11 程序运行结果

9.4.2　grid()方法

grid()方法采用类似表格的结构组织控件,使用起来非常灵活,用其设计对话框和带有滚动条的窗体效果最好。grid()方法采用行、列确定位置,行、列交汇处为一个单元格。每一列的宽度由该列中最宽的单元格决定。每一行的高度由该行中最高的单元格决定。

使用 grid()布局的通用格式为

```
WidgetObject.grid(option, …)
```

grid()方法的参数如表 9.3 所示。

表 9.3　grid()方法的参数

参　　数	含　　义	取　　值	取值说明
row、column	row 为行的序号,column 为列的序号,设置将控件放置于第几行第几列	取值为行、列的序号,不是行数与列数	row 和 column 的序号都从 0 开始
sticky	设置控件在网格中的对齐方式	N、E、S、W、NW、NE、SW、SE、CENTER	类似于表 9.2 中的 anchor 参数
rowspan	控件所跨越的行数	跨越的行数	取值为跨越的行数,而不是行的序号
columnspan	控件所跨越的列数	跨越的列数	取值为跨越的列数,而不是列的序号
ipadx、ipady、padx、pady	控件的内部、外部间隔距离,与表 9.2 中的同名属性用法相同	可设置数值,默认值是 0	非负整数,单位为像素

【例 9.12】　grid()方法举例。

```
import tkinter as tk
window=tk.Tk()
window.title('test')
window.geometry('400x400')

btn1=tk.Button(window,text='one',width=5,bg='green')
btn1.grid(row=0,column=0)

btn2=tk.Button(window,text='two',width=5,height=5,bg='red')
btn2.grid(row=0,column=1)

btn3=tk.Button(window,text='three',width=3,height=3,bg='blue')
btn3.grid(row=1,column=0)

btn4=tk.Button(window,text='four',width=15,height=10,bg='yellow')
```

```
btn4.grid(row=1,column=1)

window.mainloop()
```

程序运行结果如图 9.12 所示。

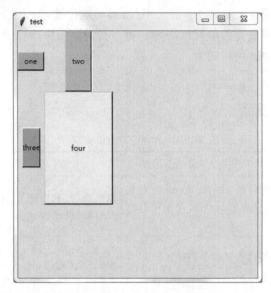

图 9.12　例 9.12 程序运行结果

9.4.3　place()方法

place()方法可以显式指定控件的绝对位置或相对于其他控件的位置。所有 tkinter 的标准控件都可以调用 place()方法。

使用 place()方法布局的通用格式为

```
WidgetObject.grid(option, …)
```

place()方法的参数如表 9.4 所示。

表 9.4　place()方法的参数

参　　数	含　　义	取　　值	取　值　说　明
anchor	锚选项,同表 9.2	默认值为 NW	表示 8 个方向以及中心
x、y	控件左上角的 x、y 坐标	整数,默认值为 0	绝对位置坐标,单位为像素
relx、rely	控件相对于父控件的 x、y 坐标	0～1 的浮点数	相对位置,0.0 表示左边缘(或上边缘),1.0 表示右边缘(或下边缘)
width、height	控件的宽度、高度	非负整数	单位为像素
relwidth、relheight	控件相对于父控件的宽度、高度	0～1 的浮点数	与 relx、rely 取值相似

参　数	含　义	取　值	取 值 说 明
bordermode	如果设置为 INSIDE,控件内部的大小和位置是相对的,不包括边框;如果设置为 OUTSIDE,控件的外部大小是相对的,包括边框	INSIDE、OUTSIDE(默认值)	可 以 使 用 常 量 INSIDE、OUTSIDE,也可以使用字符 串 形 式 的 " inside " "outside"

9.4.4　Frame()方法

Frame()方法本身是 tkinter 中的一类控件,也可进行布局。

【例 9.13】　Frame()方法举例。

```
import tkinter as tk
window=tk.Tk()
window.title('test window')
window.geometry('400x400')

f1=tk.Frame(window,width=150,height=150,bg='blue',borderwidth=2)
f2=tk.Frame(window,width=150,height=150,bg='red',borderwidth=2)
f3=tk.Frame(window,width=150,height=150,bg='gray',borderwidth=2)
f4=tk.Frame(window,width=150,height=150,bg='yellow',borderwidth=2)

f1.grid(row=0, column=0)
f2.grid(row=0, column=1)
f3.grid(row=1, column=0)
f4.grid(row=1, column=1)

l1=tk.Label(window,text='one',bg='pink',width=5).grid(row=0,column=0)

window.mainloop()
```

程序运行结果如图 9.13 所示。

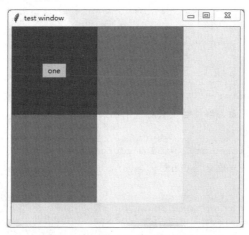

图 9.13　例 9.13 程序运行结果

9.5　事件响应

一个 tkinter 应用的生命周期中的大部分时间都处在一个消息循环中,等待事件的发生。事件可能是键按下、鼠标点击、鼠标移动等。tkinter 提供了处理相关事件的机制,处理函数可以绑定到各个控件的各种事件上,格式如下:

```
widget.bind(event, handler)
```

如果相关事件发生,handler()函数会被触发,事件对象 event 会传递给 handler()函数。

【例 9.14】　tkinter 获取键盘输入与鼠标输入。

程序代码如下:

```
#coding=utf-8
import tkinter as tk

root=tk.Tk()

def center_window(w, h):
    #获取屏幕宽、高
    ws=root.winfo_screenwidth()
    hs=root.winfo_screenheight()
    #计算 x、y 位置
    x=(ws/2)-(w/2)
    y=(hs/2)-(h/2)
    root.geometry('%dx%d+%d+%d' %(w, h, x, y))

center_window(500, 500)

#键按下
def key(event):
    print("pressed", repr(event.char))

#单击鼠标左键
def callback_1(event):
    #当前框架被选中,意为事件触发只对这个框架有效
    frame.focus_set()
    print("left clicked at: (window coordinate {}, {}), (screen coordinate {},
    {}) ".format(event.x, event.y, event.x_root, event.y_root))

#单击鼠标滚轮
def callback_2(event):
    #当前框架被选中,意为事件触发只对这个框架有效
```

```
    frame.focus_set()
    print("middle clicked at: (window coordinate {}, {}), (screen coordinate {},
    {}) ".format(event.x, event.y, event.x_root, event.y_root))

#单击鼠标右键
def callback_3(event):
    #当前框架被选中,意为事件触发只对这个框架有效
    frame.focus_set()
    print("right clicked at: (window coordinate {}, {}), (screen coordinate {},
    {}) ".format(event.x, event.y, event.x_root, event.y_root))

frame=tk.Frame(root, width=500, height=500, bg='blue')
frame.bind("<Key>", key)
frame.bind("<Button-1>", callback_1)
frame.bind("<Button-2>", callback_2)
frame.bind("<Button-3>", callback_3)
frame.bind('<Control-q>', lambda event: frame.quit())
frame.pack()

root.mainloop()
```

程序运行结果如下:

```
left clicked at: (window coordinate 263, 275), (screen coordinate 981, 595)
right clicked at: (window coordinate 247, 235), (screen coordinate 965, 555)
pressed 'r'
pressed 'y'
pressed 'v'
```

9.6 习题

1. tkinter 是什么?
2. tkinter 布局有哪些方法?
3. 如何实现 tkinter 的事件响应?
4. 上机实践本章的所有例题。

第 10 章　图 形 绘 制

Python 提供了丰富的图形绘制功能。本章首先讲解绘图的基本概念,其次详细介绍 Python 内置的 turtle(海龟)绘图模块和 tkinter 的 Canvas 控件绘图。

10.1　绘图简介

Python 的绘图方式很多,有内置的 turtle 模块、内置的 tkinter 模块中的画布控件,另外还有许多开源模块,如 Matplotlib、Chaco、Python Google Chart、PyCha、pyOFC2、PyChart、PLplot、ReportLab、VPython 等。

本章重点介绍 turtle 和 Canvas 的绘图功能。

10.2　turtle

10.2.1　turtle 简介

turtle 是 Python 中绘制图像的函数库,其思想是:在一个横轴为 x、纵轴为 y 的坐标系中,从原点(0,0)开始,小乌龟根据函数指令的控制,在这个平面坐标系中移动,其爬行的路径就是绘制的图形。

下面介绍 turtle 的属性和行为。

1. turtle 的属性

turtle 具有颜色、宽度等属性:
- color(colorstring):绘制图形时的线条颜色。
- fillcolor(colorstring):绘制图形时的填充颜色。
- pensize(width):绘制图形时的笔尖宽度。

2. turtle 的行为

turtle 的行为通过绘图命令来实现,这些命令分为 3 种:画笔运动命令、画笔控制命令和全局控制命令。

1) 画笔运动命令

画笔运动命令如表 10.1 所示。

2) 画笔控制命令

画笔控制命令如表 10.2 所示。

表 10.1 画笔运动命令

命 令	说 明
turtle. forward(distance)	画笔向当前方向移动 distance 指定的长度(单位为像素)
turtle. backward(distance)	画笔向当前相反方向移动 distance 指定的长度(单位为像素)
turtle. right(degree)	顺时针移动 degree 指定的角度(单位为度)
turtle. left(degree)	逆时针移动 degree 指定的角度(单位为度)
turtle. pendown()	移动时绘制图形(默认状态)
turtle. goto(x,y)	将画笔移动到坐标为 x、y 的位置
turtle. penup()	提笔移动,即不绘制图形,用于另起一个地方绘制
turtle. circle()	画圆,半径为正(负),表示圆心在画笔的左边(右边)
setx()	将 x 轴移动到指定位置
sety()	将 y 轴移动到指定位置
setheading(angle)	设置当前朝向为 angle 指定的角度(单位为度)
home()	设置当前画笔位置为原点,朝向右
dot(r)	绘制一个指定直径和颜色的圆点

表 10.2 画笔控制命令

命 令	说 明
turtle. fillcolor(colorstring)	绘制图形的填充颜色
turtle. color(color1，color2)	同时设置 pencolor＝color1，fillcolor＝color2
turtle. filling()	返回当前是否为填充状态
turtle. begin_fill()	开始填充图形
turtle. end_fill()	填充完成
turtle. hideturtle()	隐藏画笔的乌龟形状
turtle. showturtle()	显示画笔的 turtle 形状

3) 全局控制命令

全局控制命令如表 10.3 所示。

表 10.3 全局控制命令

命 令	说 明
turtle. clear()	清空窗口,但是画笔的位置和状态不会改变
turtle. reset()	清空窗口,重置画笔状态为起始状态
turtle. undo()	撤销上一个画笔动作
turtle. isvisible()	返回当前画笔是否可见

续表

命　　令	说　　明
stamp()	复制当前图形
turtle. write(s [,font = ("font-name",font_size,"font_type")])	写文本,s为文本内容;font是字体的参数,小括号中的3项分别为字体名称、大小和类型,font为可选项,小括号中的3项也是可选项

4) 其他命令

其他命令如表10.4所示。

表 10.4　其他命令

命　　令	说　　明
turtle. mainloop()或 turtle. done()	启动事件循环。调用 tkinter 的 mainloop 函数必须是 turtle 程序中的最后一个语句
turtle. begin_poly()	开始记录多边形的顶点。当前位置是多边形的第一个顶点
turtle. end_poly()	停止记录多边形的顶点。当前位置是多边形的最后一个顶点,将与第一个顶点相连

10.2.2　绘图步骤

turtle 的绘图步骤如下:

(1) 引入 turtle:

```
from turtle import *          #将 turtle 中的所有方法导入
```

(2) 绘制各种图形,如线条、多边形、弧、圆等。

(3) 结束绘制:

```
s=Screen()
s.exitonclick()
```

10.2.3　绘图实例

【例 10.1】　绘制水平线。

程序代码如下:

```
from turtle import *
def jumpto(x,y):
    up()
    goto(x,y)
    down()
```

```
reset()
colorlist=['red','green','yellow','purple']
for i in range(4):
    jumpto(-110,50-i*50)
    width(5*(i+1))
    color(colorlist[i])
    forward(200)
s=Screen()
s.exitonclick()
```

程序运行结果如图10.1所示。

图10.1　例10.1程序运行结果

【例10.2】　绘制正方形。

程序代码如下：

```
from turtle import *
reset()
for i in range(4):
    width(11)
    color("purple")
    forward(110)        #向前移动110像素
    right(90)           #向右旋转90°
up();goto(50,-150);down()
write("Square")
s=Screen()
s.exitonclick()
```

程序运行结果如图10.2所示。

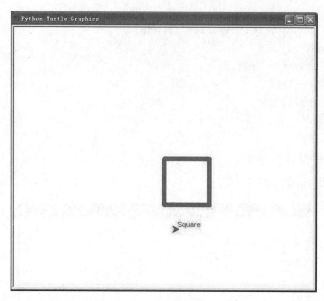

图 10.2　例 10.2 程序运行结果

【例 10.3】　绘制五角星。

程序代码如下：

```
import turtle
import time

turtle.pensize(5)
turtle.pencolor("yellow")
turtle.fillcolor("red")

turtle.begin_fill()

for _ in range(5):
    turtle.forward(200)
    turtle.right(144)
turtle.end_fill()
time.sleep(2)

turtle.penup()
turtle.goto(-150,-120)
turtle.color("violet")
turtle.write("Done", font=('Arial', 40, 'normal'))
time.sleep(1)
```

程序运行结果如图 10.3 所示。

图 10.3 例 10.3 程序运行结果

【**例 10.4**】 绘制小蟒蛇。

程序代码如下：

```python
import turtle

def drawSnake(rad, angle, len, neckrad):
    for _ in range(len):
        turtle.circle(rad, angle)
        turtle.circle(-rad, angle)
    turtle.circle(rad, angle/2)
    turtle.forward(rad/2)              #直线前进
    turtle.circle(neckrad, 180)
    turtle.forward(rad/4)

if __name__=="__main__":
    turtle.setup(1500, 1400, 0, 0)
    turtle.pensize(30)                 #画笔尺寸
    turtle.pencolor("green")
    turtle.seth(-40)                   #前进的方向
    drawSnake(70, 80, 2, 15)
```

程序运行结果如图 10.4 所示。

图 10.4 例 10.4 程序运行结果

【**例 10.5**】 绘制圆。

程序代码如下：

```python
from turtle import *
circle(50)                             #画圆函数,绘制半径为 50
up();goto(0,100);down()
```

```
circle(50)
s=Screen()
s.exitonclick();
```

程序运行结果如图 10.5 所示。

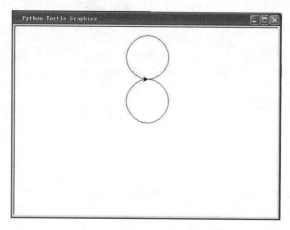

图 10.5　例 10.5 程序运行结果

10.3　Canvas

10.3.1　Canvas 简介

Canvas 作为 tkinter 的控件,可以用于绘制图形、创建图形编辑器以及实现自定义的控件类。

Canvas 的语法格式如下:

```
w=Canvas(master, option=value,…)
```

参数如下:
- master:按钮的父控件。
- options:可选项,即该按钮可设置的属性。这些选项可以用"键=值"的形式设置,多个选项间以逗号分隔。

Canvas 可选项如表 10.5 所示。

表 10.5　Canvas 可选项

可 选 项	描　　　　述
bd	边框宽度,单位为像素,默认值为 2 像素
bg	背景色
confine	如果为 True(默认值),画布不能滚动到可滑动的区域外

续表

可 选 项	描 述
cursor	光标的形状设定,如 arrow、circle、cross、plus 等
height	高度
highlightcolor	要高亮的颜色
relief	边框样式,取值为 FLAT、SUNKEN、RAISED、GROOVE、RIDGE,默认值为 FLAT
scrollregion	为一个元组 tuple(w,n,e,s),定义了画布可滚动的最大区域,w 为左边,n 为顶部,e 为右边,s 为底部
width	画布在 x 坐标轴上的大小
xscrollincrement	设置水平滚动的增量值
xscrollcommand	水平滚动条。如果画布是可滚动的,则该属性是水平滚动条的 set()方法
yscrollincrement	设置垂直滚动的增量值
yscrollcommand	垂直滚动条。如果画布是可滚动的,则该属性是垂直滚动条的 set()方法

10.3.2 绘图步骤

Canvas 绘图的具体步骤如下:

(1) 引入 tkinter:

```
import tkinter
```

(2) 设置画布大小、背景色等属性:

```
top=tkinter.Tk()
c=tkinter.Canvas()
```

(3) 绘制各种图形,如线条、多边形、弧、圆等。

(4) 消息主循环:

```
c.pack()
top.mainloop()
```

10.3.3 绘制基本图形

Canvas 可以绘制线段、多边形、扇形、椭圆、矩形等图形。这些图形的呈现和坐标系关系极大,在不同的坐标系下,同一个图形呈现的效果不同。tkinter 的坐标系原点在屏幕左上角,横向向右为 x 轴的正向,纵向向下为 y 轴的正向,如图 10.6 所示。

图 10.6 tkinter 的坐标系

1. 绘制线段

语法：

```
canvas.create_line(x0, y0, x1, y1, …, xn, yn, options)
```

描述：x0,y0 为第 1 个点的位置坐标，x1、y1 为第 2 个点的位置坐标，依此类推；options 为可选项，例如填充色 fill＝"red"等。

【例 10.6】 绘制线段。

程序代码如下：

```
import tkinter
top=tkinter.Tk()
c=tkinter.Canvas(top, bg="blue", height=300, width=300)
#绘制一条直线,从原点到(200,200),填充色为红色
line=c.create_line(0, 0, 200, 200, fill="red")
c.pack()
top.mainloop()
```

程序运行结果如图 10.7 所示。

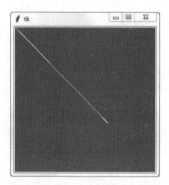

图 10.7　例 10.6 程序运行结果

2. 绘制多边形

语法：

```
canvas.create_polygon(x0, y0, x1, y1,…,xn, yn, options)
```

描述：x0、y0 为第 1 个点的位置坐标，x1、y1 为第 2 个点的位置坐标，依此类推；options 为可选项。

【例 10.7】 绘制多边形。

程序代码如下：

```
import tkinter
top=tkinter.Tk()
c=tkinter.Canvas(top, bg="blue", height=300, width=300)
polygon=c.create_polygon(110, 110, 150, 150,110,200,fill="yellow")
#绘制一个三角形,3个点分别为(110,110)、(150,150)、(110,200),填充色为黄色
```

```
c.pack()
top.mainloop()
```

程序运行结果如图 10.8 所示。

3. 绘制扇形

语法：

```
canvas.create_arc(x0,y0,x1,y1,…,xn,yn,start,extent,options)
```

描述：x0、y0 为第 1 个点的位置坐标，x1、y1 为第 2 个点的位置坐标，依此类推；start 为开始角度；extent 为旋转角度；options 为可选项。

【例 10.8】 绘制扇形。

程序代码如下：

```
import tkinter
top=tkinter.Tk()
c=tkinter.Canvas(top, bg="blue", height=500, width=500)

arc=c.create_arc(250, 250,350,350,start=0,extent=270, fill="red")
#绘制一个扇形,开始角度为 0°,旋转 270°,填充色为红色

c.pack()
top.mainloop()
```

程序运行结果如图 10.9 所示。

图 10.8　例 10.7 程序运行结果

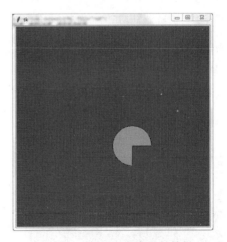

图 10.9　例 10.8 程序运行结果

4. 绘制椭圆

语法：

```
canvas.create_oval(x0, y0, x1, y1,…,xₙ, yₙ, options)
```

描述：x0、y0 为第 1 个点的位置坐标，x1、y1 为第 2 个点的位置坐标，依此类推；

options 为可选项。

【例 10.9】 绘制椭圆。

程序代码如下：

```
import tkinter
top=tkinter.Tk()
c=tkinter.Canvas(top, bg="blue", height=500, width=500)
oval=c.create_oval(250, 50, 400, 100, fill="white")
#绘制一个椭圆,填充色为白色
c.pack()
top.mainloop()
```

程序运行结果如图 10.10 所示。

5. 绘制矩形

语法：

```
canvas. create_rectangle(x0, y0, x1, y1,…,xn, yn, options)
```

描述：x0、y0 为第 1 个点的位置坐标，x1、y1 为第 2 个点的位置坐标，依此类推；options 为可选项。

【例 10.10】 绘制矩形。

程序代码如下：

```
import tkinter
top=tkinter.Tk()
c=tkinter.Canvas(top, bg="blue", height=500, width=500)
rectangle=c.create_rectangle(110, 110, 300, 150,fill="black",outline="red")
#绘制一个矩形,填充色为黑色
c.pack()
top.mainloop()
```

程序运行结果如图 10.11 所示。

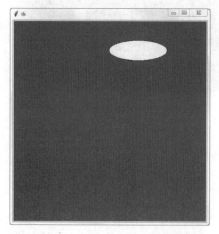

图 10.10　例 10.9 程序运行结果

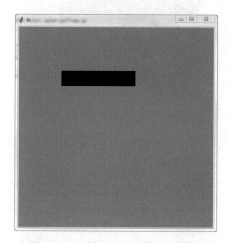

图 10.11　例 10.10 程序运行结果

10.3.4　绘图实例

【例 10.11】 绘制进度条。

程序代码如下：

```python
from tkinter import *
import time

#更新进度条函数
def change_schedule(now_schedule,all_schedule):
    canvas.coords(fill_rec, (5, 5, 6+(now_schedule/all_schedule) * 100, 25))
    root.update()
    x.set(str(round(now_schedule/all_schedule * 100,2))+'%')
    if round(now_schedule/all_schedule * 100,2)==100.00:
        x.set("完成")

root=Tk()
#创建画布
frame=Frame(root).grid(row=0,column=0)
canvas=Canvas(frame,width=120,height=30,bg="white")
canvas.grid(row=0,column=0)
x=StringVar()
#进度条以及完成程度
out_rec=canvas.create_rectangle(5,5,105,25,outline="blue",width=1)
fill_rec=canvas.create_rectangle(5,5,5,25,outline="",width=0,fill="blue")

Label(frame,textvariable=x).grid(row=0,column=1)

'''使用时直接调用函数 change_schedule(now_schedule,all_schedule)'''

for i in range(100):
    time.sleep(0.1)
    change_schedule(i,99)

mainloop()
```

程序运行结果如图 10.12 所示。

图 10.12　例 10.11 程序运行结果

【例 10.12】 交互式绘图。

程序代码如下：

```
from tkinter import *

canvas_width=500
canvas_height=150

def paint(event):
    python_green="#476042"
    x1, y1=(event.x-1), (event.y-1)
    x2, y2=(event.x+1), (event.y+1)
    w.create_oval(x1, y1, x2, y2, fill=python_green)

master=Tk()
master.title("Painting using Ovals")
w=Canvas(master, width=canvas_width, height=canvas_height)
w.pack(expand=YES, fill=BOTH)
w.bind("<B1-Motion>", paint)

message=Label(master, text="Press and Drag the mouse to draw")
message.pack(side=BOTTOM)

mainloop()
```

程序运行结果如图 10.13 所示。

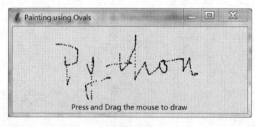

图 10.13　例 10.12 程序运行结果

【例 10.13】 绘制图片。

使用 create_image(x0, x0, options) 在 Canvas 上绘制图片。该方法接收一个 PhotoImage 对象作为图片参数。PhotoImage 类用于读取图片，但它只能读取 GIF 和 PGM/PPM 格式的图片。

程序代码如下：

```
from tkinter import *

canvas_width=300
canvas_height=300
```

```
master=Tk()

canvas=Canvas(master, width=canvas_width,height=canvas_height)
canvas.pack()

img=PhotoImage(file="rocks.ppm")
canvas.create_image(20,20, anchor=NW, image=img)
mainloop()
```

程序运行结果如图 10.14 所示。

图 10.14　例 10.13 程序运行结果

10.4　习题

1. turtle 绘图方法有哪些?
2. Canvas 绘图方法有哪些?

第 11 章　爬虫与正则表达式

本章首先介绍网络爬虫的概念和基本流程,重点介绍正则表达式的基本语法和 re 模块的相关知识;其次,详细讲解 Python 实现网络爬虫的相关技术,如 urllib 库、requests 库、BeautifulSoup 库和 jieba 库等;最后,给出一个完整的网络爬虫实例。

11.1　网络爬虫

11.1.1　概述

网络爬虫(web spider)又称为网页蜘蛛或网络机器人,它通过一定的规则自动地抓取网络信息。网络爬虫可以根据网址获取网页信息。例如,输入网址 http://www.baidu.com/,浏览器获得百度域名对应的 IP 地址,发起 HTTP"三次握手"建立 TCP/IP 链接,然后,浏览器向百度服务器发送 HTTP 请求;百度服务器收到浏览器的请求后,将页面完整的 HTML 代码返回给浏览器;最后,浏览器根据页面完整的 HTML 代码解析和渲染网页,在屏幕上显示百度内容。

11.1.2　爬虫流程

网络爬虫一般有爬取、解析和存储 3 个主要步骤。

步骤 1:爬取。获取网页的源代码,Python 提供了 urllib、requests 等库以实现爬取。

步骤 2:解析。从网页源代码中提取有用的信息。一般有如下两种方法。

(1) 采用正则表达式。

(2) 由于网页具有规则的结构,可以利用 BeautifulSoup、pyquery、lxml 等库提取网页节点属性、CSS 选择器等网页信息。

步骤 3:存储。将提取到的数据保存到某处以便后续处理和分析,可以保存为 TXT 文件或 JSON 文件,也可以保存到 MySQL 和 MongoDB 等数据库中。

11.2　正则表达式

正则表达式又称正规表示法、常规表示法,是指通过事先定义好的特定字符(元字符)组成的规则字符串,对字符串进行过滤。符合规则的字符串被认为是匹配的,否则就是不匹配的。例如,采用正则表达式判断一个字符串是否包含合法的 Email,需要创建一个匹配 Email 的正则表达式,然后通过该正则表达式去判断。

11.2.1 基本语法

正则表达式中的元字符如表 11.1 所示。

表 11.1　正则表达式中的元字符

元字符	含　义	输　入	输　出
.	匹配任意字符	a.c	abc
^	匹配开始位置	^abc	abc
$	匹配结束位置	abc $	abc
*	匹配前一个字符 0 到多次	abc *	ab abccc
+	匹配前一个字符 1 到多次	abc+	abc abccc
?	匹配前一个字符 0 到 1 次	abc?	ab abc
{}	{m}匹配前一个字符 m 次,{m,n}匹配前一个字符 m 至 n 次,{m,}匹配 m 至无限次	ab{1,2}c	abc abbc
[]	字符集。对应的位置可以是字符集中的任意一个字符。字符集中的字符可以逐个列出,也可以给出范围,如[abc]或[a−c]。[^abc]表示取反,即除 abc 以外的字符	a[bcd]e	abe ace ade
|	逻辑或	abc|def	abc def
()	匹配括号中的任意表达式	(abc){2} a(123|456)c	abcabc a456c
\A	匹配开始位置,同^	\Aabc	abc
\Z	匹配结束位置,同 $	abc\Z	abc
\b	匹配位于单词开始或结束位置的空字符串	\babc\b a\b!bc	空格 abc 空格 a!bc
\B	匹配不位于单词开始或结束位置的空字符串	a\Bbc	abc
\d	匹配一个数字,相当于[0~9]	a\dc	a1c
\D	匹配非数字,相当于[^0~9]	a\Dc	abc
\w	匹配数字、字母、下画线中的任意一个字符,相当于[a~z A~Z 0~9 _]	a\wc	abc
\W	匹配非数字、字母、下画线中的任意一个字符,相当于[^a~z A~Z 0~9 _]	a\Wc	a c

11.2.2 re 模块

Python 的 re 模块提供了 compile()、match()、search()、replace()、split()等函数。

1. compile()函数

功能：编译一个正则表达式语句,并返回编译后的正则表达式对象。

compile()函数格式如下：

```
re.compile(string[,flags])
```

参数说明：

- string：要匹配的字符串。
- flags：标志位,用于控制正则表达式的匹配方式,如是否区分大小写等。

【例 11.1】 compile()举例。

```
>>>import re
>>>s="this is a Python test"
>>>p=re.compile('\w+')              #编译正则表达式,获得其对象
>>>res=p.findall(s)                 #用正则表达式对象去匹配内容
>>>print(res)
['this', 'is', 'a', 'Python', 'test']
```

2. findall()函数

功能：用于匹配所有符合规律的内容,返回包含结果的列表。

findall()函数格式如下：

```
re.findall(pattern, string[, flags])
```

参数说明：

pattern：正则表达式。

【例 11.2】 findall()举例。

```
>>>import re
>>>p=re.compile(r'\d+')
>>>print(p.findall('o1n2m3k4'))
['1', '2', '3', '4']
```

3. search()函数

功能：用于匹配并提取第一个符合规则的内容,返回一个正则表达式对象。

search()函数格式如下：

```
re.search(pattern, string[, flags])
```

【**例 11.3**】 search()举例。

```
>>>import re
>>>a="123abc456"
>>>print(re.search("([0-9]*)([a-z]*)([0-9]*)",a).group(0))
123abc456
>>>print(re.search("([0-9]*)([a-z]*)([0-9]*)",a).group(1))
123
>>>print(re.search("([0-9]*)([a-z]*)([0-9]*)",a).group(2))
abc
>>>print(re.search("([0-9]*)([a-z]*)([0-9]*)",a).group(3))
456
```

【**解析**】 group()返回 re 整体匹配的字符串。可以一次输入多个组号,返回对应组号的匹配的字符串。group(1)返回与第一个括号中的正则表达式匹配的部分,group(2)返回与第二个括号中的正则表达式匹配的部分,group(3)返回与第三个括号中的正则表达式匹配的部分。

4. finditer()函数

功能:用于搜索字符串,返回一个顺序访问每一个匹配结果的迭代器。
finditer() 函数格式如下:

```
re.finditer(pattern, string[, flags])
```

【**例 11.4**】 finditer()举例。

```
import re
pattern=re.compile(r'\d+')
iter=re.finditer(pattern,'one1two2three3four4')
for i in iter:
    print(i)
    print(i.group())
    print(i.span())
```

程序运行结果如下:

```
<_sre.SRE_Match object; span=(3, 4), match='1'>
1
(3, 4)
<_sre.SRE_Match object; span=(7, 8), match='2'>
2
(7, 8)
<_sre.SRE_Match object; span=(13, 14), match='3'>
3
(13, 14)
<_sre.SRE_Match object; span=(18, 19), match='4'>
```

4

(18, 19)

5. match()函数

功能：从字符串的开头开始匹配一个模式。如果成功，返回成功的对象，否则返回None。

match()函数格式如下：

```
re.match(pattern, string[, flags])
```

【例 11.5】 match()举例。

```
>>>import re
>>>print(re.match('www', 'www.runoob.com').span())     #在起始位置匹配
(0,3)
>>>print(re.match('com', 'www.runoob.com'))            #不在起始位置匹配
None
```

6. replace()函数

功能：用于执行查找并替换的操作，将与正则表达式匹配的字符串用指定的字符串替换。

replace()函数格式如下：

```
str.replace(old, new)
```

参数说明：
- old：将被替换的字符串。
- new：新字符串，用于替换 old 指定的字符串。

【例 11.6】 replace()举例。

```
>>>str="www.xiyou.edu.cn"
>>>print ("西邮旧地址：", str)
西邮旧地址：www.xiyou.edu.cn
>>>print ("西邮新地址：", str.replace("www.xiyou.edu.cn", "www.xupt.edu.cn"))
西邮新地址：www.xupt.edu.cn
```

7. split()函数

功能：用给定的正则表达式字符串，返回分割结果列表。

split()函数格式如下：

```
re.split(pattern, string[, maxsplit, flags])
```

参数说明：

maxsplit：最大的分割次数。

【例 11.7】 split()举例。

(1) 只传一个参数,默认分割整个字符串:

```
>>>str="a,b,c,d,e";
>>>str.split(',');
["a", "b", "c", "d", "e"]
```

(2) 传入两个参数,返回限定长度的字符串:

```
>>>str="a,b,c,d,e";
>>>str.split(',',3);
["a", "b", "c"]
```

(3) 使用正则表达式分割,返回分割后的字符串:

```
>>>str="aa44bb55cc66dd";
>>>print(re.split('\d+',str))
["aa","bb","cc","dd"]
```

8. sub()函数

功能:替换字符串中每一个匹配的子串,返回替换后的字符串。

sub()函数格式如下:

```
re.sub(regexp, string)
```

【例 11.8】 sub()举例。

```
>>>import re
>>>s='123abcssfasdfas123'
>>>a=re.sub('123(.*?)123','1239123',s)
>>>print(a)
1239123
```

11.3 Python 爬虫库

11.3.1 urllib 库

Python 2 提供了 urllib 和 urllib2 两个库以实现请求的发送。在 Python 3 中,将这两个库统一为 urllib 库。urllib 库的官方文档链接为 https://docs.python.org/3/library/urllib.html。

urllib 库有以下模块:

- urllib.request:用来打开和读取 URL。
- urllib.error:对于 urllib.request 产生的错误,使用 try 进行捕捉处理。
- urllib.parse:用于解析 URL 的方法。

- urllib. robotparser：用于测试爬虫是否可以下载一个页面。

【例 11.9】 urllib 举例。

```
import urllib.request
file=urllib.request.urlopen('http://www.baidu.com')
data=file.read()                        #读取全部
dataline=file.readline()                #读取一行内容
fhandle=open("d:/1.html","wb")          #将爬取的网页保存在 d 盘
fhandle.write(data)
fhandle.close()
```

11.3.2 requests 库

在处理网页验证和 Cookies 时，requests 库更为方便。在 Anaconda Prompt 下使用 pip install requests 命令安装 requests 库，如图 11.1 所示。

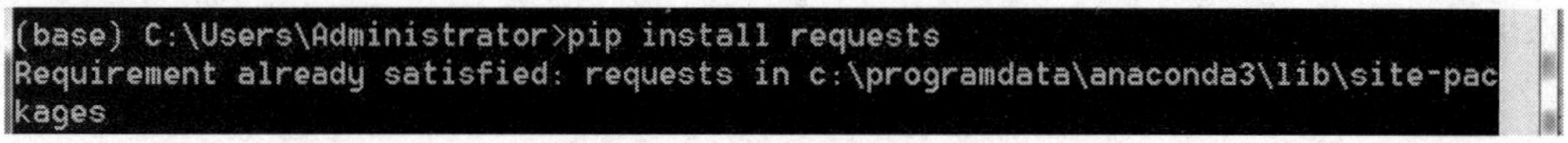

```
(base) C:\Users\Administrator>pip install requests
Requirement already satisfied: requests in c:\programdata\anaconda3\lib\site-pac
kages
```

图 11.1　安装 requests 库

requests 库的主要方法如表 11.2 所示。

表 11.2　requests 库的主要方法

方　　法	解　　释
requests. get()	获取 HTML 的主要方法
requests. head()	获取 HTML 头部信息的主要方法
requests. post()	向 HTML 网页提交 POST 请求的方法
requests. put()	向 HTML 网页提交 PUT 请求的方法
requests. patch()	向 HTML 提交局部修改的请求
requests. delete()	向 HTML 提交删除请求

【例 11.10】 使用 requests 库爬取"美剧天堂"（http：//www. meijutt. com/new100. html）。

程序代码如下：

```
import requests
r=requests.get(url='http://www.meijutt.com/new100.html')   #最基本的 GET 请求
print(r.status_code)                                       #获取返回状态
print(r.url)
print(r.text)                                              #打印解码后的返回数据
```

程序运行结果是爬取了网页的 HTML 代码，如图 11.2 所示。

```
200
http://www.meijutt.com/new100.html
<!DOCTYPE html PUBLIC "-//W3C//DTD XHTML 1.0 Transitional//EN" "http://www.w3.org/TR/xhtml1/
DTD/xhtml1-transitional.dtd">
<html xmlns="http://www.w3.org/1999/xhtml"><head><meta http-equiv="Content-Type"
content="text/html; charset=gbk" /><title>xⅠ%u¸üÐâµÄÃÀ¾¬ÃÁ%çÌìÌÃ</title><meta http-
equiv="X-UA-Compatible" content="IE=EmulateIE8" /><link href="/template/meijutt/images/
meijutt.css" rel="stylesheet" type="text/css" /><link href="/template/meijutt/images/
common.css" rel="stylesheet" type="text/css" /><link rel="shortcut icon" href="favicon.ico"
/><script>var sitePath=''</script><script src="/js/jquery.min.js"></script><script
type="text/javascript" src="/template/meijutt/js/history.js"></script><script type="text/
javascript" src="/js/uaredirect.js"></script></head><body><div class="menuBoxbg"><div
class="menuBox"><em class="newlogo"><a href="/"><img src="/template/meijutt/images/logo.png"
```

图 11.2　爬取的 HTML 代码

11.3.3　BeautifulSoup 库

BeautifulSoup 库解决了正则表达式构造复杂且容易出错的问题。BeautifulSoup 库提供了网页导航、搜索、修改分析树等功能，用于解析文档。

在 Anaconda Prompt 下使用 pip install beautifulsoup4 命令安装 BeautifulSoup 库，如图 11.3 所示。

```
(base) C:\Users\Administrator>pip install beautifulsoup4
Requirement already satisfied: beautifulsoup4 in c:\programdata\anaconda3\lib\si
te-packages
You are using pip version 9.0.3, however version 10.0.0 is available.
You should consider upgrading via the 'python -m pip install --upgrade pip' comm
and.
```

图 11.3　安装 BeautifulSoup 库

lxml 是 BeautifulSoup 库的解析器。在 Anaconda Prompt 下使用 pip install lxml 命令安装，如图 11.4 所示。

```
(base) C:\Users\Administrator>pip install lxml
Requirement already satisfied: lxml in c:\programdata\anaconda3\lib\site-package
s
You are using pip version 9.0.3, however version 10.0.0 is available.
You should consider upgrading via the 'python -m pip install --upgrade pip' comm
and.
```

图 11.4　安装 lxml

BeautifulSoup 库的基本元素包含在标签树中，如图 11.5 所示。

图 11.5　网页与标签树的对应关系

【例 11.11】 用 BeautifulSoup 库将网页转换为标签树。

在 d:\下创建一个名为 soup_test.htm 的文件,内容如下:

```
html="""
<html><head><title>The Dormouse's story</title></head>
<body>
<p class="title" name="dromouse"><b>The Dormouse's story</b></p>
<p class="story">Once upon a time there were three little sisters; and their
names were
<a href="http://example.com/elsie" class="sister" id="link1"><!--Elsie --></a>,
<a href="http://example.com/lacie" class="sister" id="link2">Lacie</a>and
<a href="http://example.com/tillie" class="sister" id="link3">Tillie</a>;
and they lived at the bottom of a well.</p>
<p class="story">...</p>
"""
```

程序代码如下:

```
from bs4 import BeautifulSoup
soup=BeautifulSoup(open('d:/soup_test.htm'),"lxml")
print(soup.prettify())                    #采用 prettfy()方法实现格式化输出
```

程序运行结果如图 11.6 所示。

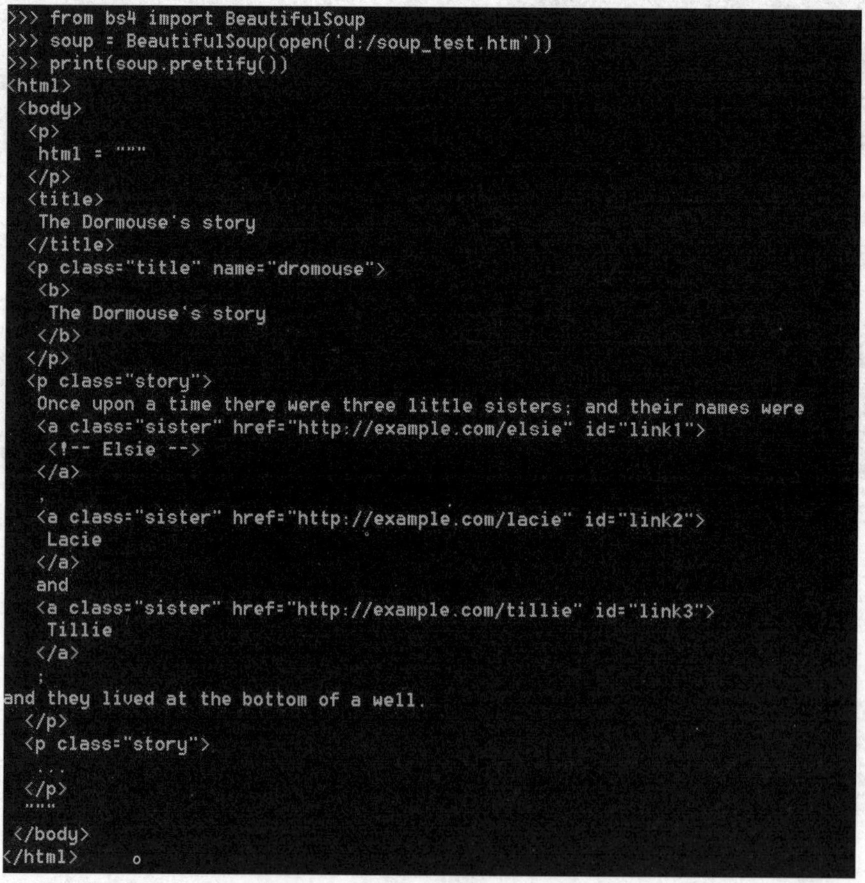

```
>>> from bs4 import BeautifulSoup
>>> soup = BeautifulSoup(open('d:/soup_test.htm'))
>>> print(soup.prettify())
<html>
 <body>
  <p>
   html = """
  </p>
  <title>
   The Dormouse's story
  </title>
  <p class="title" name="dromouse">
   <b>
    The Dormouse's story
   </b>
  </p>
  <p class="story">
   Once upon a time there were three little sisters; and their names were
   <a class="sister" href="http://example.com/elsie" id="link1">
    <!-- Elsie -->
   </a>
   ,
   <a class="sister" href="http://example.com/lacie" id="link2">
    Lacie
   </a>
   and
   <a class="sister" href="http://example.com/tillie" id="link3">
    Tillie
   </a>
   ;
and they lived at the bottom of a well.
  </p>
  <p class="story">
   ...
  </p>
  """
 </body>
</html>
```

图 11.6 例 11.11 程序运行结果

BeautifulSoup 的基本元素如表 11.3 所示。

表 11.3　BeautifulSoup 的基本元素

基 本 元 素	说　　明
Tag	标签,最基本的信息组织单元,分别用<tag>和</tag>标明开头和结尾
Name	标签的名字
Attributes	标签的属性
NavigableString	标签内非属性字符串
Comment	标签内字符串的注释部分,是一种特殊的注释类型

1. Tag 元素

使用格式:

```
soup.<tag>
```

Tag 是指 HTML 中的标签,如 title、head、p 等,如图 11.7 所示。

```
>>> print(soup.title)
<title>The Dormouse's story</title>
>>> print(soup.head)
None
>>> print(soup.p)
<p>html = """
</p>
```

图 11.7　Tag 元素

2. Name 元素

使用格式:

```
<tag>.name
```

其中,soup 对象本身比较特殊,其名称为[document]。对于其他内部标签,输出标签的名称,如图 11.8 所示。

```
>>> print(soup.name)
[document]
>>> print(soup.title.name)
title
```

图 11.8　Name 元素

3. Attributes 元素

使用格式:

```
<tag>.attrs
```

例如,输出标签 a 的所有属性,得到的类型是一个字典,如图 11.9 所示。

```
>>> print(soup.a.attrs)
{'href': 'http://example.com/elsie', 'class': ['sister'], 'id': 'link1'}
```

图 11.9 Attributes 元素

4. NavigableString 元素

使用格式:

```
<tag>.string
```

例如,获取标签 b 内部的文字,如图 11.10 所示。

```
>>> print(soup.b.string)
The Dormouse's story
>>> print(type(soup.b.string))
<class 'bs4.element.NavigableString'>
```

图 11.10 NavigableString 元素

【例 11.12】 用 BeautifulSoup 库提取网页中的数据。

在例 11.10 中采用 requests 库抓取的 http://www.meijutt.com/new100.html 网页内容很多。为了方便找到要抓取的数据,可以采用 Chrome 浏览器的"开发者工具":打开 URL,按 F12 键,再按 Ctrl+Shift+C 键,单击要抓取的内容,例如"剧集频道",如图 11.11 所示,浏览器就在 HTML 文件中找到其对应位置,如图 11.12 所示。

图 11.11 要抓取的网页

采用 BeautifulSoup 提取数据,代码如下:

```
from urllib.request import urlopen
from bs4 import BeautifulSoup                          #导入 BeautifulSoup 对象
html=urlopen('http://www.meijutt.com/new100.html')     #打开 URL,获取 HTML 内容
bs_obj=BeautifulSoup(html.read(),'html.parser')
                                    #把 HTML 内容传给 BeautifulSoup 对象
```

图 11.12　要抓取的内容在网页 HTML 文件中的对应代码

```
text_list=bs_obj.find_all("a","navmore")          #找到 class=navmore 的 a 标签
for text in text_list:
    print(text.get_text())                        #打印标签的文本
html.close()                                      #关闭文件
```

11.3.4　jieba 库

jieba 是一个用 Python 实现的分词库,用于统计分析某一或某些给定的词语在某文件中出现的次数。jieba 库支持如下 3 种分词模式:

- 全模式:把句子中所有可以成词的词语都扫描出来。该模式速度非常快,但是不能解决歧义。
- 精确模式:试图将句子最精确地切开。该模式适用于文本分析。
- 搜索引擎模式:在精确模式的基础上,对长词再次切分,提高查全率。该模式适用于搜索引擎分词。

安装 jieba 时,在命令提示符下输入如下命令:

```
pip.exe install jieba
```

jieba 的常用方法是 jieba.cut(str)。

1. 全模式

【例 11.13】　全模式举例。

程序代码如下:

```
import jieba
seg_list=jieba.cut("我来到北京清华大学",cut_all=True)
print("Full mode:"+"/".join(seg_list))
```

程序运行结果如下:

```
Building prefix dict from the default dictionary ...
```

```
Dumping model to file cache C:\Users\ADMINI~1\AppData\Local\Temp\jieba.cache
Loading model cost 0.897 seconds.
Prefix dict has been built succesfully.
Full mode:我/来到/北京/清华/清华大学/华大/大学
```

2. 精确模式

【例 11.14】 精确模式举例。

程序代码如下：

```
import jieba
seg_list=jieba.cut("我来到北京清华大学",cut_all=False)
print("Default mode:"+"/".join(seg_list))
```

程序运行结果如下：

```
Default mode:我/来到/北京/清华大学
```

3. 搜索引擎模式

【例 11.15】 搜索引擎模式举例。

程序代码如下：

```
import jieba
seg_list=jieba.cut_for_search("我来到北京清华大学")
print("/".join(seg_list))
```

程序运行结果如下：

```
我/来到/北京/清华/华大/大学/清华大学
```

【例 11.16】 jieba 举例。

【题意】 使用 jieba 分析刘慈欣的小说《三体》中出现次数最多的词语。将《三体》小说文本以 UTF-8 编码保存到 santi.txt 文件中。

程序代码如下：

```
import jieba
txt=open("d:\\santi.txt", encoding="utf-8").read()
words =jieba.lcut(txt)
counts={}
for word in words:
    counts[word]=counts.get(word,0)+1
items=list(counts.items())
items.sort(key=lambda x:x[1], reverse=True)
for i in range(30):
    word, count=items[i]
    print ("{0:<10}{1:>5}".format(word, count))
```

程序运行结果如下：

，	47372
的	36286
	23948
	23947
。	19494
了	10201
"	8784
"	8682
在	8383
是	7016
他	4212
中	3688
我	3359
和	3220
一个	3065
都	2973
上	2799
她	2757
说	2748
这	2726
你	2719
？	2708
：	2705
也	2670
但	2615
有	2505
着	2280
就	2232
不	2210
没有	2136

【解析】 观察运行结果，可以看到存在非常多的垃圾数据，这是因为把文档中的标点、空格、没有意义的字、词语全部进行了统计。去掉垃圾数据需要使用停用词表（stop words）。停用词是指在信息检索中，为节省存储空间和提高搜索效率，在处理自然语言数据（或文本）之前或之后自动过滤的某些字或词。停用词表便是存储了这些停用词的文件。在 https://download.csdn.net/download/ybk233/10606306 下载停用词表，命名为 StopWords.txt，其内容如图 11.13 所示。

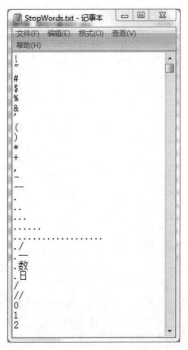

图 11.13 StopWords.txt 的内容

修改程序代码如下：

```
import jieba
txt=open("santi.txt", encoding="utf-8").read()
#加载停用词表
stopwords=[line.strip() for line in open("StopWords.txt",encoding="utf-8").
readlines()]
words =jieba.lcut(txt)
counts={}
for word in words:
    #不在停用词表中
    if word not in stopwords:
        #不统计字数为1的词
        if len(word)==1:
            continue
        else:
            counts[word]=counts.get(word,0)+1
items=list(counts.items())
items.sort(key=lambda x:x[1], reverse=True)
for i in range(30):
    word, count=items[i]
    print ("{:<10}{:>7}".format(word, count))
```

修改后的程序运行结果如下：

```
程心          1324
世界          1244
罗辑          1200
地球           964
人类           938
太空           935
三体           904
宇宙           892
太阳           774
舰队           651
飞船           645
时间           627
汪淼           611
两个           580
文明           567
东西           521
发现           502
这是           490
信息           478
```

感觉　　　　469
计划　　　　461
智子　　　　459
叶文洁　　　448
一种　　　　445
看着　　　　435
太阳系　　　427
很快　　　　422
面壁　　　　406
真的　　　　402
空间　　　　381

11.4　网络爬虫举例

11.4.1　需求

以 requests 库、BeautifulSoup 库、jieba 库为主要工具，爬取西安邮电大学新闻中心的所有新闻内容，进行词频分析。

11.4.2　实现思路

本例实现思路如图 11.14 所示。

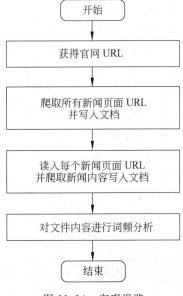

图 11.14　实现思路

11.4.3 实现步骤

爬取西安邮电大学新闻中心的网络爬虫的实现步骤如下。

步骤 1：分析网站的网页结构。

进入西安邮电大学官网 http://www.xiyou.edu.cn/，进入新闻中心，如图 11.15 所示。

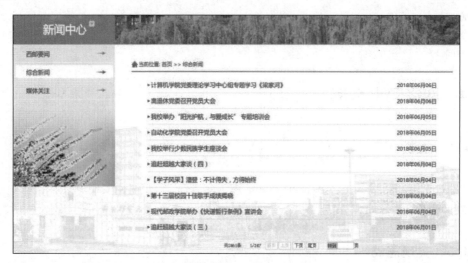

图 11.15 西安邮电大学新闻中心

西安邮电大学新闻中心共有 247 个页面，每个页面有 10 个新闻链接，因此需要先获取 247 个目录页面的 URL。通过观察得到规律：

第 1 页：http://www.xiyou.edu.cn/xwzx/zhxw.htm

第 2 页：http://www.xiyou.edu.cn/xwzx/zhxw/246.htm

第 3 页：http://www.xiyou.edu.cn/xwzx/zhxw/245.htm

依此类推，直到第 247 页，该页的 HTML 文档名为 1.htm。

步骤 2：从每个页面中爬取每个新闻链接的 URL 并存储到文件中。

在具体爬取过程中，发现 URL 存放在 a 标签的 herf 属性中，并在数字到 208 时，新闻页面进行了改版，网址也随即有了变化，由 www.xiyou.edu.cn 变为 news.xupt.edu.cn，href 属性前缀也由"../../"代替，如图 11.16 所示。在爬取时对这两部分应分别进行操作。

```
▼<li id="lineu6_10">
    <a href="../zhxw.htm" class="c44380_columnstyle"></a>
    <span class="c44380_date" style="float:right">
        2012年11月27日</span>
    <a href="../../info/2338/66425.htm" class="c44380" target="_blank" title="国防教育学院召
    开教学检查师生座谈会">国防教育学院召开教学检查师生座谈会</a>
```

图 11.16 网站中网页 URL 信息

程序代码如下：

```
#导入必要的库文件
import requests
from bs4 import BeautifulSoup
import bs4

raw='http://www.xiyou.edu.cn/xwzx/zhxw'
#打开文件用于写入新闻页面 URL
with open("d:\\test.txt","a+") as f:
    urls=[]
    for i in range(247,0,-1):
        #247.htm 页面做单独处理
        if i==247:
            url=raw+".htm"
        else:
            url=raw+'/'+str(i)+'.htm'
        #尝试爬取,失败则终止并打印 Error
        try:
            r=requests.get(url, timeout=30)
            r.raise_for_status()
            r.encoding=r.apparent_encoding
        except:
            print('Error')
            break

        soup=BeautifulSoup(r.text, "html.parser")
        #搜索目标<a>标签
        al=soup.find_all('a',class_="c44380")
        for a in al:
            #获得链接并对改版前后做不同处理
            h=a.get('href')
            if h[0]=='.':
                temp='www.xiyou.edu.cn/info/'+h[-14:]+'\n'
            else:
                temp='news.xupt.edu.cn/info/'+h[-14:]+'\n'

            #防止出现重复,写入文件
            if temp not in urls:
                urls.append(temp)
                f.write(temp)
    f.close()
```

运行结束后,在 D:\下出现 test. txt 文件,其内容如图 11.17 所示,test. txt 文件中共 2461 个 URL,对应 2461 个新闻页面。

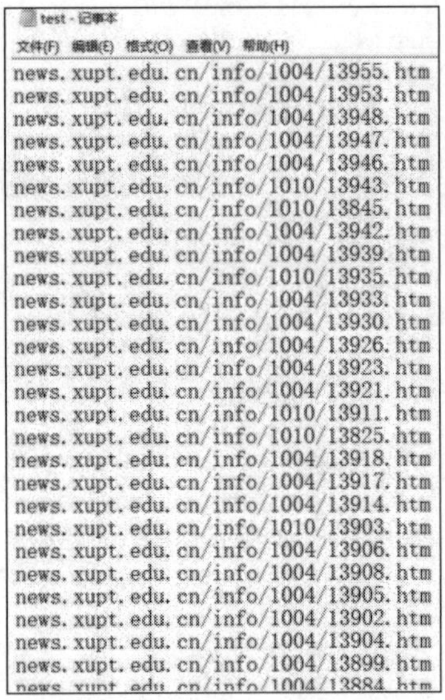
test - 记事本

文件(F) 编辑(E) 格式(O) 查看(V) 帮助(H)

news.xupt.edu.cn/info/1004/13955.htm
news.xupt.edu.cn/info/1004/13953.htm
news.xupt.edu.cn/info/1004/13948.htm
news.xupt.edu.cn/info/1004/13947.htm
news.xupt.edu.cn/info/1004/13946.htm
news.xupt.edu.cn/info/1010/13943.htm
news.xupt.edu.cn/info/1010/13845.htm
news.xupt.edu.cn/info/1004/13942.htm
news.xupt.edu.cn/info/1004/13939.htm
news.xupt.edu.cn/info/1010/13935.htm
news.xupt.edu.cn/info/1004/13933.htm
news.xupt.edu.cn/info/1004/13930.htm
news.xupt.edu.cn/info/1004/13926.htm
news.xupt.edu.cn/info/1004/13923.htm
news.xupt.edu.cn/info/1004/13921.htm
news.xupt.edu.cn/info/1010/13911.htm
news.xupt.edu.cn/info/1010/13825.htm
news.xupt.edu.cn/info/1004/13918.htm
news.xupt.edu.cn/info/1004/13917.htm
news.xupt.edu.cn/info/1004/13914.htm
news.xupt.edu.cn/info/1010/13903.htm
news.xupt.edu.cn/info/1004/13906.htm
news.xupt.edu.cn/info/1004/13908.htm
news.xupt.edu.cn/info/1004/13905.htm
news.xupt.edu.cn/info/1004/13902.htm
news.xupt.edu.cn/info/1004/13904.htm
news.xupt.edu.cn/info/1004/13899.htm
news.xupt.edu.cn/info/1004/13884.htm

图 11.17 test.txt 文件内容

步骤 3：从 test.txt 文件中读取每个 URL 并爬取新闻内容，将其保存到 content.txt 文件中。

程序代码如下：

```
import requests
from bs4 import BeautifulSoup
import bs4
import re
count=0
#打开文件读取每个 URL
with open("d:\\test.txt","r") as f:
    for line in f.readlines():
        line=line.strip()
        count+=1

        #尝试爬取
        try:
            r=requests.get('http://'+line, timeout=30)
            r.raise_for_status()
            r.encoding=r.apparent_encoding
        except:
            print('Error')
            break

        soup=BeautifulSoup(r.text, "html.parser")
        #搜索目标标签 div
```

```
    s=soup.find_all('div',id=re.compile("vsb"))
    with open("d:\\content.txt","a+",encoding='utf-8') as c:
        for i in s:
                #写入文件
                c.write(i.get_text())
        c.close()
        print("第%d篇爬取成功!……loading……"%(count))
    f.close()
```

```
#爬取需要一定时间,完成后输出 DONE
print('DONE')
```

程序运行过程中出现如图 11.18 所示的画面。

运行结束后,在 D:\下出现 content.txt 文件,其内容如图 11.19 所示。

图 11.18　程序运行过程中出现的画面　　　图 11.19　content.txt 文件内容

步骤 4:对文件内容进行词频分析。

程序代码如下:

```
import jieba
txt=open("d:\\content.txt", encoding="utf-8").read()
stopwords=[line.strip() for line in open("StopWords.txt",encoding="utf-8").
readlines()]
'''for ch in'!'": 。,!.':
    txt=txt.replace(ch," ")'''
words =jieba.lcut(txt)
counts={}
```

```
for word in words:
    if word not in stopwords:
        if len(word)==1:
            continue
        else:
            counts[word]=counts.get(word,0)+1
items=list(counts.items())
items.sort(key=lambda x:x[1], reverse=True)
for i in range(30):
    word, count=items[i]
    print ("%s\t\t%d"%(word,count))
```

程序运行结果如下：

```
Building prefix dict from the default dictionary ...
Loading model from cache C:\Users\zhou\AppData\Local\Temp\jieba.cache
Loading model cost 1.220 seconds.
Prefix dict has been succesfully.
```

学生	3948
学院	3902
工作	3268
我校	2833
同学	2807
网讯	2427
学习	2421
活动	2381
发展	1994
创新	1716
教育	1598
参加	1589
供稿	1527
建设	1510
西安	1488
大学生	1455
管理	1450
院长	1406
教授	1383
教师	1379
学校	1360
工程学院	1291
专业	1287
创业	1247
精神	1210
校区	1200
教学	1114

介绍　　　　　1091
本次　　　　　1077
交流　　　　　1070

11.5　习题

1. 有字符串 s＝"i love python because 12sd 34er 56df e4　54434"，实现如下功能：

(1) 匹配该字符串中所有数字开头的内容。

(2) 匹配该字符串中所有字母开头的内容。

2. 任选一个英文的纯文本文件，统计其中的各个单词出现的次数。

3. 网络爬虫是什么？

4. 什么是正则表达式？

5. urllib 库、requests 库、BeautifulSoup 库和 jieba 库各自的功能是什么？

6. 实现爬取"贴吧"网页（https://tieba. baidu. com/index. html? traceid＝）的小爬虫。

第 12 章　SQLite 数据库

本章首先介绍关系型数据库的相关知识,然后重点介绍 Python 内置的 sqlite 3 模块的对象、命令、语句等,最后给出一个完整的 SQLite 数据库实例。

12.1　关系型数据库

数据库管理系统(Database Management System,DBMS)是用于管理数据并提供数据库服务的软件,如 Access、Sybase、SQL Server、Oracle、MySQL、SQLite 等。

数据库管理系统具有如下功能:

(1) 数据库定义功能。使用数据定义语言(Data Definition Language,DDL)定义数据库的三级结构,包括外模式、概念模式、内模式及其相互之间的映像,定义数据的完整性、安全控制等约束。

(2) 数据库操纵功能。使用数据操纵语言(Data Manipulation Language,DML)对数据库进行检索、插入、删除、更新等各种数据操作。

(3) 数据库运行管理功能。DBMS 对数据库的运行进行有效的控制和管理,以确保数据正确有效。

(4) 数据库的建立和维护功能。实现数据库初始数据的装入,数据库的转储、恢复、重组织,系统性能监视、分析等功能。

(5) 数据库的传输。DBMS 提供处理数据的传输功能,实现用户程序与 DBMS 之间的通信。该功能通常与操作系统协调完成。

关系型数据库通常由一个或多个称为表格的对象组成。数据库中的所有数据或信息都保存在这些数据库表格中。数据库中的每一个表格都具有唯一的名称,都由行和列组成,其中每一列包括该列名称、数据类型以及列的其他属性等信息,而行则具体包含某一列的记录或数据。例如,图 12.1 就是关系型数据库的一个表。

name	sex	qq	tele	school
周黎明	男	9828322	88765238	西安交通大学
何明明	女	8876542	99887645	山西师范大学

图 12.1　关系型数据库的表

关系型数据库的表必须满足以下条件:

(1) 表中每一列必须是基本数据项(即不可再分解)。

(2) 表中每一列必须具有相同的数据类型(如字符型或数值型)。

(3) 表中每一列的名称必须是唯一的。

(4) 表中不能有内容完全相同的行。

（5）行的顺序与列的顺序不影响表中信息的含义。

当前流行的数据库都是基于关系模型的关系数据库管理系统。关系模型认为世界由实体（entity）和联系（relationship）构成。实体是相互可以区别的，具有一定属性的对象；联系是指实体之间的关系。联系一般分以下 3 种类型：

（1）一对一（1:1）。实体集 A 中的每个实体至多只与实体集 B 中的一个实体相联系，反之亦然。例如，班级和班主任的关系如图 12.2(a)所示。

（2）一对多（1:n）。实体集 A 中的每个实体与实体集 B 中的多个实体相联系，而实体集 B 中的每个实体至多只与实体集 A 中的一个实体相联系。例如，学生和班级的关系如图 12.2(b)所示。

（3）多对多（m:n）。实体集 A 中的每个实体与实体集 B 中的多个实体相联系，而实体集 B 中的每个实体也与实体集 A 中的多个实体相联系。例如，学生和课程的关系如图 12.2(c)所示。

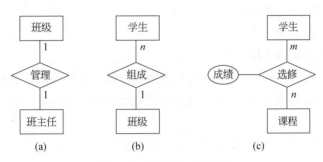

图 12.2　联系的 3 种类型

12.2　SQLite 数据库简介

SQLite 是轻量级的嵌入式关系型数据库，适合移动应用。SQLite 官方网站（https://www.sqlite.org/index.html）提供了最新的 SQLite 安装版本、最新的 SQLite 资讯以及完整的 SQLite 教程。

SQLite 具有如下特点：

（1）体积小。SQLite 是轻量级软件，完全配置时小于 400KB，省略可选功能配置时小于 250KB。

（2）性能高。对数据库的访问性能很高，其运行速度比 MySQL 等开源数据库要快很多。

（3）可移植性强。能支持各种 32 位和 64 位体系的硬件平台，也能在 Windows、Linux、BSD、MacOS、Solaries 等软件平台上运行。

（4）SQLite 支持 ANSI SQL92 中的大多数标准，提供了对子查询、视图、触发器等机制的支持。

（5）SQLite 为 C、Java、PHP、Python 等多种语言提供了 API 接口，所有的应用程序都必须通过接口访问 SQLite 数据库。

从 Python 2.5 开始，Python 的标准库中就内置了 sqlite3 模块。将 SQLite3 导入 Python 的命令如下：

```
import sqlite3
```

12.3　sqlite3 模块操作数据库的步骤

sqlite3 模块操作数据库的步骤如下：

（1）导入相应的数据库模块。

（2）建立数据库连接，返回连接（Connection）对象。

（3）创建游标（cursor）对象。

（4）使用游标对象的 execute()方法执行 SQL 命令，返回结果。

（5）获取游标的查询结果集。

（6）数据库的提交和回滚。

（7）关闭游标对象和连接对象。

在 Python 中，使用 sqlite3 模块创建数据库的连接。如果指定的数据库文件不存在，连接对象会自动创建数据库文件；如果指定的数据库文件已经存在，则连接对象直接打开该数据库文件。

使用 sqlite3 模块创建数据库连接，conn 是数据库连接对象，语法格式如下：

```
conn=sqlite3.connect(host,user,passwd,db)
```

conn 的参数如表 12.1 所示。

表 12.1　conn 的参数

参　　数	含　　义
host(str)	MySQL 服务器地址
user(str)	用户名
passwd(str)	密码
db(str)	数据库名称

连接到数据库后，需要游标执行结构化查询语言（Structured Query Language，SQL）语句。游标是数据库管理系统为用户开设的一个数据缓冲区，存放 SQL 语句的执行结果，每个游标都有一个名字，用户可以用 SQL 语句逐一从游标中获取记录，进行操作处理。

定义游标的语法格式如下：

```
cursor=conn.cursor()
```

sqlite3 模块的方法如表 12.2 所示。

表 12.2 sqlite3 模块的方法

方　　法	描　　述
sqlite3.connect(database)	该 API 打开一个到 SQLite 数据库文件 database 的连接。如果指定的数据库不存在,则创建一个数据库
connection.cursor()	创建一个 cursor
cursor.execute(sql)	执行一个 SQL 语句
connection.execute(sql)	通过调用游标方法创建一个中间的游标对象,然后通过给定的参数调用游标的 execute()方法
connection.commit()	提交当前的事务
connection.rollback()	回滚自上一次调用 commit()方法以来对数据库所做的更改
connection.close()	关闭数据库连接。请注意,关闭数据库之前必须调用 commit()方法,否则本次所做的更改将全部丢失
cursor.fetchone()	获取查询结果集中的下一行,返回一个单一的序列;当已经没有可用的数据时,则返回 None
cursor.fetchmany([size=cursor.arraysize])	获取查询结果集中的下一行组(即多行),返回一个列表;当已经没有可用的行组时,则返回一个空的列表。该方法尝试获取由 size 参数指定的尽可能多的行
cursor.fetchall()	获取查询结果集中所有(剩余)的行,返回一个列表;当已经没有可用的行时,则返回一个空的列表

12.4　SQLite 命令

SQLite 命令类似 SQL 命令,基于其操作性质分为数据定义语言命令和数据操纵语言命令。

1. 数据定义语言命令

SQLite 的数据定义语言命令如表 12.3 所示。

表 12.3 SQLite 的数据定义语言命令

命　　令	描　　述
CREATE	创建一个新表、一个表的视图或者数据库中的其他对象
ALTER	修改数据库中的某个已有的数据库对象,例如一个表
DROP	删除整个表、表的视图或者数据库中的其他对象

2. 数据操纵语言命令

SQLite 的数据操纵语言命令如表 12.4 所示。

表 12.4　SQLite 的数据操纵语言命令

命　令	描　述	命　令	描　述
INSERT	插入一条新记录	DELETE	删除记录
UPDATE	修改记录	SELECT	从一个或多个表中检索某些记录

3. SQLite 命令子句

SQLite 命令子句如表 12.5 所示。

表 12.5　SQLite 命令子句

命令子句	描　述	命令子句	描　述
FROM	指定从中选定记录的表名	HAVING	给出每个组需要满足的条件
WHERE	指定所选记录必须满足的条件	ORDER BY	按特定的次序对记录排序
GROUP BY	把选定的记录分成特定的组		

SQLite 语句包括 SELECT、INSERT、UPDATE、DELETE、ALTER、DROP 等,所有的语句以分号(;)结束。

下面介绍 SQLite 的 4 个语句。

1) SELECT 语句

SELECT 语句从数据库中的获取符合查询条件的数据,语法如下:

SELECT 字段表　FROM 表名 WHERE 查询条件 GROUP BY 分组字段 ORDER BY 字段[ASC|DESC]

2) UPDATE 语句

UPDATE 语句创建一个更新查询来按照某个条件修改特定表中的字段值,语法如下:

UPDATE [表集合] SET [表达式] WHERE [条件]

3) DELETE 语句

DELETE 语句删除 FROM 子句中列出的且满足 WHERE 子句的一个或多个表中的记录,语法如下:

DELETE [表字段] FROM [表集合] WHERE [条件]

4) INSERT 语句

INSERT 语句向表中添加一条记录,语法如下:

INSERT INTO 数据表名(字段名 1,字段名 2,…)　VALUES(数据 1,数据 2,…)

SQLite 有许多用于处理字符串或数值数据的内置函数。SQLite 的常用函数如表 12.6 所示。

表 12.6　SQLite 常用函数

函　数	描　述	函　数	描　述
AVG	获得指定字段中的值的平均数	MAX	返回指定字段中的最大值
COUNT	返回选定记录的个数	MIN	返回指定字段中的最小值
SUM	返回指定字段中所有值的总和		

12.5　SQLite 数据库举例

【例 12.1】　在 SQLite 数据库中设计 book 和 category 两个表,其中,book 表用于记录书的信息,category 表用于记录书的分类。一本书归属于某一个分类,一个分类包含多本书,两者是一对多的关系,故 book 表有一个外键指向 category 表的主键 id。两个表的关系如图 12.3 所示。

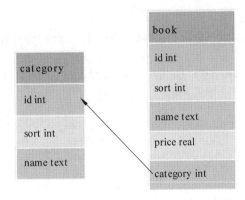

图 12.3　book 表和 category 表的关系图

(1) 创建数据库:

```
import sqlite3
conn=sqlite3.connect("d:/test.db")


c=conn.cursor()


#创建表格
c.execute('''CREATE TABLE category(id int primary key, sort int, name text)''')
c.execute('''CREATE TABLE book(id int primary key,
        sort int,
        name text,
        price real,
        category int,
        FOREIGN KEY(category)REFERENCES category(id))''')
```

```
#提交
conn.commit()

#关闭连接
conn.close()
```

（2）插入数据：

```
import sqlite3
conn=sqlite3.connect("d:/test.db")
c=conn.cursor()

books=[(1, 1, 'Cook', 3.12, 1),
       (2, 3, 'Python', 17.5, 2),
       (3, 2, 'OS', 13.6, 2),
       ]

#执行插入命令
c.execute("INSERT INTO category VALUES(1, 1, 'kitchen')")
#执行多条命令
c.executemany('INSERT INTO book VALUES(?, ?, ?, ?, ?)', books)

conn.commit()
conn.close()
```

（3）查询数据：

```
import sqlite3
conn=sqlite3.connect('d:/test.db')
c=conn.cursor()

#查询一条记录
c.execute('SELECT name FROM category ORDER BY sort')
print(c.fetchone())

#查询列表中的所有记录
c.execute('SELECT * FROM book WHERE book.category=1')
print(c.fetchall())

for row in c.execute('SELECT name, price FROM book ORDER BY sort'):
print(row)
```

运行结果如下：

```
('kitchen',)
[(1, 1, 'Cook', 3.12, 1)]
('Cook', 3.12)
```

```
('OS', 13.6)
('Python', 17.5)
```

(4) 修改、删除数据：

```
conn=sqlite3.connect("d:/test.db")
c=conn.cursor()

#修改记录
c.execute('UPDATE book SET price=? WHERE id=?',(1000, 1))
#删除记录
c.execute('DELETE FROM book WHERE id=2')

conn.commit()
conn.close()
```

12.6 习题

1. 已知有学生表(包含学号、姓名、系别)、学生选课表(包含学号、课程号、成绩)、课程表(包含课程号、课程名)，实现如下 SQL 语句：

(1) 分别查询学生表和学生选课表中的全部数据。

(2) 查询成绩为 70～80 的学生的学号、课程号和成绩。

(3) 查询 C01 课程成绩最高的分数。

(4) 查询学生都选修了哪些课程，要求列出课程号。

(5) 查询选修了 C02 号课程的所有学生的平均成绩、最高成绩和最低成绩。

(6) 统计每个系的学生人数。

(7) 统计每门课程的选修人数和最高成绩。

(8) 统计每个学生的选课门数，并按选课门数的递增顺序显示结果。

(9) 统计每门选修课的学生总数和平均成绩。

2. 回答以下问题。

(1) 什么是关系数据库？

(2) SQLite 数据库有什么特点？

(3) SQL 语句有哪些？各如何使用？

第13章 异常处理

在编写程序的过程中会不断发现错误,因此要随时改正错误。本章首先讲解编程中可能出现的各种错误,如语法错误、运行时错误和逻辑错误等,其次介绍 Python 捕获和处理异常的方法。

13.1 错误类型

程序错误(bug,也称为缺陷),是指由于程序本身有错误而导致的功能不正常、死机、数据丢失、非正常中断等现象。程序错误一般分为语法错误、运行时错误和逻辑错误3种。

13.1.1 语法错误

语法是指语句的形式规则。在编辑代码时,Python 会对输入的代码直接进行语法检查,例如,print 之前多了空格或者按了 Tab 键,都会出现语法错误。

【例 13.1】 语法错误举例。

print 命令的语法错误示例如下:

```
>>> print 'Hello World'
  File "<stdin>", line 1
    print 'Hello World'
                      ^
SyntaxError: Missing parentheses in call to 'print'. Did you mean print('Hello World')?
```

13.1.2 运行时错误

有些代码在编写时没有错误,但在程序运行过程中发生错误,这类错误称为运行时错误,例如执行除数为零的除法运算、打开不存在的文件、数据类型不匹配、列表索引越界等。

【例 13.2】 运行时错误举例。

以下是程序出现运行时错误的示例:

```
>>> f=open("a.txt")
Traceback (most recent call last):
  File "<stdin>", line 1, in <module>
FileNotFoundError: [Errno 2] No such file or directory: 'a.txt'
```

13.1.3 逻辑错误

逻辑错误又称为语义错误,表现形式是程序并不报语法错误,但是运行结果与预期的结果不一致,例如运算符使用不合理、语句次序不正确、循环语句的初始值和终值不正确等。

【例 13.3】 逻辑错误举例。

以下是程序逻辑错误的示例:

```
>>> import math
>>> a=1;b=2;c=1
>>> x1=-b+math.sqrt(b*b-4*a*c)/2*a
>>> x2=-b-math.sqrt(b*b-4*a*c)/2*a
>>> print (x1,x2)
-2.0 -2.0
```

13.2 捕获和处理异常

运行期检测到的错误被称为异常(exception)。对于大多数的异常,Python 都不会处理,只是以错误信息的形式给出提示。异常处理用于保证程序的健壮性与容错性,使得程序在遇到错误时不会崩溃。

异常一般分为如下两个阶段:

(1) 异常产生。检查到错误且解释器认为是异常,抛出异常。

(2) 异常处理。截获异常,系统忽略异常,或者终止程序转去处理异常。

【例 13.4】 异常举例。

```
>>> a
Traceback (most recent call last):
  File "<stdin>", line 1, in <module>
NameError: name 'a' is not defined
```

【解析】

- a 为触发异常的代码。
- Traceback 为异常追踪信息。
- NameError 为异常类。
- Name 'a' is not defined 为异常类的值。

Python 提供了 try…except 语句进行异常处理,该语句在成功捕捉错误后则进入处理分支,执行特定的逻辑。try…except 语句执行的流程图如图 13.1 所示。

13.2.1 try…except…else 语句

在 try…except…else 语句中,try 子句放置可能出现异常的代码,except 子句处理异常。如果在 try 子句范围内捕获了异常,就执行 except 子句;如果在 try 子句范围内没有

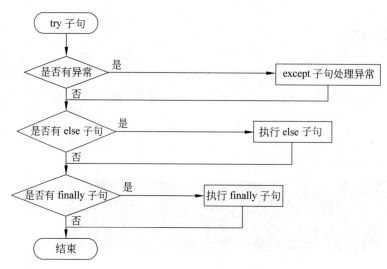

图 13.1　try…except 语句执行的流程图

捕获异常，就执行 else 子句。

try…except…else 语法格式有两种。

格式一：

```
try:
    <语句>             #运行别的代码
Except<异常类型>:
    <语句>             #如果在 try 部分引发了'name'异常,获得附加的数据
else:
    < 语句>            #如果没有异常发生
```

格式二：

```
try:
    <语句>             #运行别的代码
Except<异常类型>as <数据>:
    <语句>
else:
    <语句>             #如果没有异常发生
```

下面分别举例说明这两种格式的用法。

【例 13.5】　try…except…else 格式一举例。

```
a_list=['China', 'America', 'England', 'France']
print('input the number of list')
while True:
    n=int(input())
    try:
        print(a_list[n])
```

```
except IndexError:
    print('out of the border,please input again')
else:
    break;
```

运行结果如下：

```
input the number of list
8
out of   the border,please input again
3
France
```

【例 13.6】 try…except…else 格式二举例。

```
try:
    f=open("file-not-exists", "r")
except IOError as e:
    print("open exception: %s: %s\n" %(e.errno, e.strerror))
```

运行结果如下：

```
open exception: 2: No such file or directory
```

13.2.2 try…except…finally 语句

try…except…finally 语句执行时，如果 try 子句发生了异常，抛出了这个异常，执行 except 子句，然后运行 finally 子句进行资源释放处理。try…except…finally 语句的语法格式如下：

```
try:
    <语句>              #可能出现异常的代码
except Exception[, reason]:
    <语句>              #处理异常的语句
finally:
    <语句>
```

【例 13.7】 try…except…finally 举例。

```
try:
    print(2/0)
except ZeroDivisionError:
    print('发生了一个异常')
finally:
    print('不管是否发生异常都执行')
```

运行结果如下：

发生了一个异常

不管是否发生异常都执行

13.2.3　raise 语句

raise 语句用于显式地触发异常，其用法类似 C♯ 和 Java 中的 throw 关键字。raise 抛出一个通用异常类型。Phthon 的通用异常类型如表 13.1 所示。

表 13.1　Python 的通用异常类型

异 常 类 型	描　　述	异 常 类 型	描　　述
NameError	引用不存在的变量	IOError	输入输出错误
ZeroDivisionError	除数为零错误	ValueError	搜索列表中不存在的值
SyntaxError	语法错误	AtributeError	调用不存在的方法
IndexError	索引错误	TypeError	数据类型未强制转换就混用
KeyError	使用不存在的字典关键字	EOFError	文件结束标志错误

raise 语句的语法格式如下：

raise　异常类名

【例 13.8】　raise 举例。

raise 语句示例如下：

```
>>> try:
...     raise NameError('HiThere')
... except NameError:
...     print('An exception flew by!')
...     raise
...
An exception flew by!
Traceback (most recent call last):
  File "<stdin>", line 2, in <module>
NameError: HiThere
```

13.2.4　自定义异常类

用户可以创建一个新的异常类。自定义异常类可以直接或者间接继承自 Exception 类。

当一个代码模块有可能抛出多种不同的异常时，通常的做法是为这个模块建立一个基础异常类，然后基于这个基础异常类为不同的错误情况创建不同的子类。大多数异常类的名字都以 Error 结尾，与标准的异常类命名一样。

【例 13.9】　自定义异常类举例。

```
import sys
class Error(Exception):
    """Base class for exceptions in this module."""
```

```
        pass
#自定义异常类
class InputError(Error):
    """Exception raised for errors in the input.
    Attributes:
        expression -- input expression in which the error occurred
        message -- explanation of the error
    """
    def __init__(self, expression, message):
        self.expression=expression
        self.message=message
try:
    print('code start running...')
    raise InputError('input()', 'input error')
    #ValueError
    int('a')
    #TypeError
    s=1+'a'
    dit={'name': 'john'}
    #KeyError
    print(dit['1'])
except InputError as ex:
    print("InputError:", ex.message)
except TypeError as ex:
    print('TypeError:', ex.args)
    pass
except (KeyError, IndexError) as ex:
    """支持同时处理多个异常类,放到括号中"""
    print(sys.exc_info())
except:
    """捕获其他未指定的异常类"""
    print("Unexpected error:", sys.exc_info()[0])
    #raise 用于抛出异常
    raise RuntimeError('RuntimeError')
else:
    """当无任何异常时,执行 else 子句"""
    print('else 子句...')
finally:
    """无论有无异常,均会执行 finally 子句"""
    print('finally, ending')
```

程序运行结果如下:

```
code start running...
InputError: input error
```

```
finally, ending
```

13.3 习题

1. 在程序设计中可能会出现哪几种错误？

2. 异常处理有哪几种？

3. 以下是两数相加的程序：

```
x=int(input("x="))
y=int(input("y="))
print("x+y=",x+y);
```

该程序要求接收两个整数，并输出结果。如果输入的不是整数（如字母），程序就会终止执行并输出异常信息。对程序进行修改，要求当用户输入非整数时给出"输入内容必须为整数！"，并提示用户重新输入，直至输入正确。

4. 编写函数 devide(x,y)，其中，x 为被除数，y 为除数。要求考虑以下异常情况的处理：

（1）被 0 除时，输出"division by zero!"。

（2）x 和 y 的数据类型不一致时，强制转换为整数，再调用本函数。

若没有上述异常则输出计算结果。

第 14 章　Python 计算生态

Python 功能强大，在数据分析、数据可视化、Web 开发、游戏开发等领域广为应用。本章重点介绍 Python 的科学计算"三剑客"：NumPy、SciPy 和 Matplotlib，它们主要用于数据分析和数据可视化；然后介绍 Web 开发的 Django 框架；最后介绍游戏开发的 Pygame 模块。

14.1　数据分析

14.1.1　NumPy

NumPy(Numeric Python)是 Python 的开源数字扩展，定义了数值数组和矩阵类型以及基本运算的语言扩展，可用于矩阵数据、矢量处理等。NumPy 的官方网址是 http://www.numpy.org/。

在 Anaconda Prompt 下执行 pip install numpy 命令安装 NumPy，如图 14.1 所示。

```
(base) C:\Users\Administrator>pip install numpy
Requirement already satisfied: numpy in c:\programdata\anaconda3\lib\site-packag
es
You are using pip version 9.0.3, however version 10.0.0 is available.
You should consider upgrading via the 'python -m pip install --upgrade pip' comm
and.
```

图 14.1　安装 NumPy

Python 提供了 array 模块，但是 array 模块不支持多维数组，也没有各种运算函数，不适合做数值运算。而 NumPy 提供的同质多维数组 ndarray 正好弥补了以上不足。ndarray 对象的属性如表 14.1 所示。

表 14.1　ndarray 对象的属性

属　　性	描　　述
ndarray.ndim	数组的维数
ndarray.shape	数组各维数的大小，为一个整数元组。对于一个 n 行 m 列的矩阵来说，shape 就是(n,m)。shape 元组的长度就是维数 ndim
ndarray.size	数组元素的总个数，等于 shape 各元素的乘积
ndarray.dtype	用来描述数组中元素类型的对象
ndarray.itermsize	数组的每个元素的字节数。例如，一个元素类型为 float64 的数组的 itemsize 为 8
ndarray.data	存放数组实际元素的数据缓冲区

1. 创建数组

创建数组有 array()、arange()、linspace()和 logspace()4 种方法。

方法一：用 array()函数创建数组，将元组或列表作为参数。

【例 14.1】 array()函数举例。

```
import numpy as np                              #引入 NumPy 库
a=np.array([[1,2],[4,5,7]])                     #创建数组,将元组或列表作为参数
a2=np.array(([1,2,3,4,5],[6,7,8,9,10]))        #创建二维的 narray 对象
print(type(a))                                  #a 的类型是数组
print(type(a2))
print(a)
print(a2)
```

程序运行结果如下：

```
<class 'numpy.ndarray'>
<class 'numpy.ndarray'>
[list([1, 2]) list([4, 5, 7])]
[[ 1  2  3  4   5]
 [ 6  7  8  9  10]]
```

方法二：用 arange()函数创建数组。

【例 14.2】 arange()函数举例。

```
import numpy as np
a=np.arange(12)                 #利用 arange()函数创建数组
print(a)
a2=np.arange(1,2,0.1)
print(a2)
```

程序运行结果如下：

```
[0  1   2   3   4   5   6   7   8   9  10 11]
[1.  1.1 1.2 1.3 1.4 1.5 1.6 1.7 1.8 1.9]
```

方法三：用 linspace()函数创建等间隔的序列，实际上生成一个等差数列。

【例 14.3】 linspace()函数举例。

```
import numpy as np
a=np.linspace(0,1,12)               #从 0 开始到 1 结束,共 12 个数的等差数列
print(a)
```

程序运行结果如下：

```
[0.          0.09090909  0.18181818  0.27272727  0.36363636  0.45454545
 0.54545455 0.63636364  0.72727273  0.81818182  0.90909091  1.          ]
```

方法四：用 logspace()函数生成等比数列。

【例 14.4】 logspace()函数举例。

```
import numpy as np
a=np.logspace(0,2,5)
#生成第一个数是 10 的 0 次方,最后一个数是 10 的 2 次方,含 5 个数的等比数列。
print(a)
```

程序运行结果如下：

```
[  1.          3.16227766  10.          31.6227766  100.        ]
```

2. 索引和切片

【例 14.5】 索引和切片举例。

```
import numpy as np
a=np.array([[1,2,3,4,5],[6,7,8,9,10]])
print(a)
print(a[:])                    #选取全部元素
print(a[1])                    #选取第 2 行的全部元素
print(a[0:1])                  #截取下标为 0~1(不含 1)的元素
print(a[1,2:5])                #截取第 2 行下标为 2~5(不含 5)的元素
print(a[1,:])                  #截取第 2 行的全部元素
print(a[1,2])                  #截取行号为 1(即第 2 行)、列号为 2(即第 3 列)的元素
print(a[1][2])                 #截取行号为 1、列号为 2 的元素

#按条件截取
print(a[a>6])                  #截取 a 中大于 6 的数
print(a>6)                     #比较 a 中每个数和 6 的大小,输出 False 或 True
a[a>6]=0                       #把 a 中大于 6 的数变成 0
print(a)
```

程序运行结果如下：

```
[[1  2  3  4  5]
 [6  7  8  9  10]]
[[1  2  3  4  5]
 [6  7  8  9  10]]
 [6  7  8  9  10]
[[1  2  3  4  5]]
 [8  9  10]
 [6  7  8  9  10]
8
8
[7  8  9  10]
[[False  False  False  False  False]
```

```
[False  True   True   True   True]]
[[1  2  3  4  5]
 [6  0  0  0  0]]
```

3. 矩阵

【**例 14.6**】 矩阵运算举例。

```
import numpy as np
import numpy.linalg as lg          #求矩阵的逆需要先导入 numpy.linalg
a1=np.array([[1,2,3],[4,5,6],[2,4,5]])
a2=np.array([[1,2,4],[3,4,8],[8,5,6]])
print(a1+a2)                       #相加
print(a1-a2)                       #相减
print(a1/a2)                       #对应元素相除,如果都是整数则取整除结果
print(a1%a2)                       #对应元素相除后取余数
print(a1**2)                       #矩阵每个元素都取 2 次方
print(a1.dot(a2))                  #点乘,要求第一个矩阵的列数等于第二个矩阵的行数
print(a1.transpose())             #转置等价于 print(a1.T)
print(lg.inv(a1))                  #用 linalg 的 inv 函数来求逆
```

程序运行结果如下：

```
[[ 2   4   7]
 [ 7   9 14]
 [10   9 11]]
[[ 0   0 -1]
 [ 1   1 -2]
 [-6 -1 -1]]
[[1.         1.         0.75       ]
 [1.33333333 1.25       0.75       ]
 [0.25       0.8        0.83333333]]
[[0   0   3]
 [1   1   6]
 [2   4   5]]
[[ 1   4   9]
 [16 25 36]
 [ 4 16 25]]
[[31 25 38]
 [67 58 92]
 [54 45 70]]
[[1   4   2]
 [2   5   4]
 [3   6   5]]
[[ 0.33333333  0.66666667 -1.         ]
 [-2.66666667 -0.33333333  2.         ]
```

```
    [ 2.         0.        - 1.        ]]
```

14.1.2　SciPy

　　SciPy 用于统计、优化、整合、线性代数模块、傅里叶变换、信号和图像处理等,比较常用的 SciPy 工具有 stats(统计学工具包)、SciPy.interpolate(插值、线性的、三次方的)、cluster(聚类)、signal(信号处理)。安装 SciPy 之前必须先安装 NumPy。

　　SciPy 的官方网址是 http://scipy.org。

　　在 Anaconda Prompt 下执行 pip install scipy 命令安装 SciPy,如图 14.2 所示。

```
(base) C:\Users\Administrator>pip install scipy
Requirement already satisfied: scipy in c:\programdata\anaconda3\lib\site-packag
es
You are using pip version 9.0.3, however version 10.0.0 is available.
You should consider upgrading via the 'python -m pip install --upgrade pip' comm
and.
```

图 14.2　SciPy 下载安装

【例 14.7】　二项分布举例。

```python
#-*-encoding:utf-8-*-
import numpy as np
from scipy import stats
import matplotlib.pyplot as plt          #Matplotlib
def test_binom_pmf():
    '''抛掷 10 次硬币,恰好两次正面朝上的概率是多少? '''
    n=10                                  #独立实验次数
    p=0.5                                 #每次正面朝上的概率
    k=np.arange(0,11)                     #0~10 次正面朝上的概率
    binomial=stats.binom.pmf(k,n,p)
    print(binomial)                       #概率和为 1
    print(sum(binomial))
    print(binomial[2])

    plt.plot(k, binomial,'o-')
    plt.title('Binomial: n=%i, p=%.2f' %(n,p),fontsize=15)
    plt.xlabel('Number of successes')
    plt.ylabel('Probability of success',fontsize=15)
    plt.show()
test_binom_pmf()
```

程序运行结果如下:

```
[0.00097656 0.00976563 0.04394531 0.1171875   0.20507813 0.24609375
 0.20507813 0.1171875   0.04394531 0.00976563 0.00097656]
```

```
1.0000000000000009
0.04394531249999999
```

程序运行结果如图 14.3 所示。

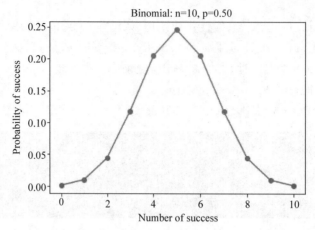

图 14.3　例 14.7 程序运行结果

【例 14.8】　泊松分布举例。

```
def test_poisson_pmf():
    '''已知某路口发生事故的比例是每天 2 次,那么在此处一天内发生 4 次事故的概率是多少?
    泊松分布的输出是一个数列,包含了发生 0 次、1 次、2 次……10 次事故的概率。'''
    rate=2
    n=np.arange(0,10)
    y=stats.poisson.pmf(n,rate)
    print(y)
    plt.plot(n, y, 'o-')
    plt.title('Poisson: rate=%i' %(rate), fontsize=15)
    plt.xlabel('Number of accidents')
    plt.ylabel('Probability of number accidents', fontsize=15)
    plt.show()


test_poisson_pmf()
```

程序运行如下:

```
[1.35335283e-01 2.70670566e-01 2.70670566e-01 1.80447044e-01
 9.02235222e-02 3.60894089e-02 1.20298030e-02 3.43708656e-03
 8.59271640e-04 1.90949253e-04]
```

程序运行结果如图 14.4 所示。

【例 14.9】　正态分布举例。

```
def test_norm_pmf():
    '''正态分布是一种连续分布,其函数可以在实线上的任何地方取值。正态分布由两个参数
```

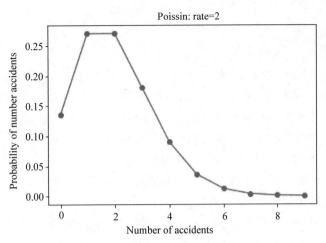

图 14.4　例 14.8 程序运行结果

```
描述：分布的平均值 μ 和方差 σ²。'''
mu=0                      #平均值
sigma=1                   #标准差
x=np.arange(-5,5,0.1)
y=stats.norm.pdf(x,0,1)
plt.plot(x, y)
plt.title('Normal: $\mu$=%.1f, $\sigma^2$=%.1f' %(mu,sigma))
plt.xlabel('x')
plt.ylabel('Probability density', fontsize=15)
plt.show()
```

```
test_norm_pmf()
```

程序运行结果如图 14.5 所示。

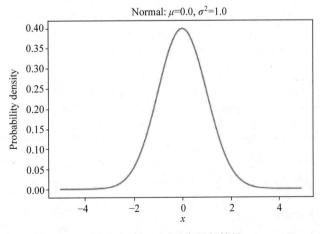

图 14.5　例 14.9 程序运行结果

14.1.3 Pandas

Pandas 是基于 NumPy 的数据分析工具,官方网址是 http://pandas.org。Pandas 提供了快速、灵活和富有表现力的数据结构,目的是使"关系"或"标记"数据的工作既简单又直观。Pandas 适用于许多不同类型的数据,如下所示:

- 具有异构类型列的表格数据,例如 SQL 表格或 Excel 数据表。
- 有序和无序(不一定是固定频率)时间序列数据。
- 具有行列标签的任意矩阵数据(均匀类型或不同类型)。
- 任何其他形式的观测/统计数据集。

在 Anaconda Prompt 下执行 pip install pandas 命令安装 Pandas,如图 14.6 所示。

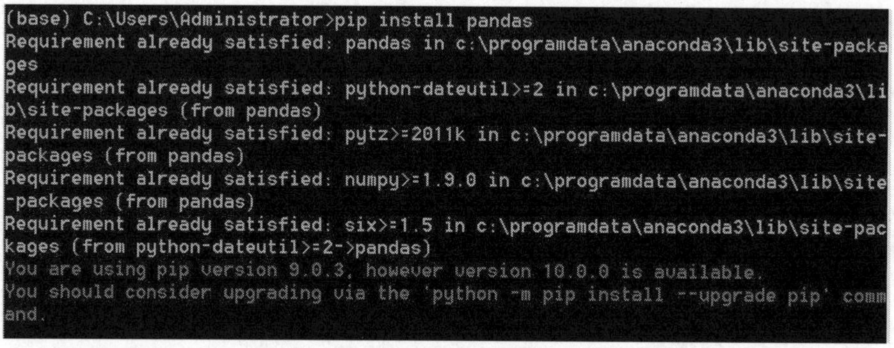

```
(base) C:\Users\Administrator>pip install pandas
Requirement already satisfied: pandas in c:\programdata\anaconda3\lib\site-packa
ges
Requirement already satisfied: python-dateutil>=2 in c:\programdata\anaconda3\li
b\site-packages (from pandas)
Requirement already satisfied: pytz>=2011k in c:\programdata\anaconda3\lib\site-
packages (from pandas)
Requirement already satisfied: numpy>=1.9.0 in c:\programdata\anaconda3\lib\site
-packages (from pandas)
Requirement already satisfied: six>=1.5 in c:\programdata\anaconda3\lib\site-pac
kages (from python-dateutil>=2->pandas)
You are using pip version 9.0.3, however version 10.0.0 is available.
You should consider upgrading via the 'python -m pip install --upgrade pip' comm
and.
```

图 14.6 安装 Pandas

Pandas 最核心的两个数据结构就是 Series 和 DataFrame,如表 14.2 所示。

表 14.2 Pandas 的核心数据结构

数据结构	维度	说　　明
Series	一维	带有标签的同构数据类型一维数组,与 NumPy 中的一维数组 Array 类似。二者与 Python 基本的数据结构 List 也很相近,其区别是:List 中的元素可以是不同的数据类型,而 Array 和 Series 中则只允许存储相同的数据类型,从而运算效率较高
DataFrame	二维	带有标签的、异构数据类型的、经过排序的二维数组,DataFrame 有行和列的索引,可以看作 Series 的容器,即,一个 DataFrame 中可以包含若干个 Series。在 DataFrame 中,面向行和面向列的操作大致对称

【例 14.10】 Series 举例。

通过 NumPy 接口创建一个 1×4 的 Series,默认的索引是 $[0, N-1]$ 形式,代码如下:

```
import pandas as pd
import numpy as np
series1 =pd.Series([1, 2, 3, 4])
print("series1:\n{}\n".format(series1))
```

```
print("series1.values: {}\n".format(series1.values))        #Series 中的数据
print("series1.index: {}\n".format(series1.index))          #Series 中的索引
```

程序运行结果：

```
series1:
0   1
1   2
2   3
3   4
dtype: int64
series1.values: [1 2 3 4]
series1.index: RangeIndex(start=0, stop=4, step=1)
```

创建 Series 时可以指定索引，通过索引获取对应的数据，代码如下：

```
series2=pd.Series([1, 2, 3, 4, 5, 6, 7], index=["C", "D", "E", "F", "G", "A", "B"])
print("series2:\n{}\n".format(series2))
print("E is {}\n".format(series2["E"]))
```

程序运行结果如下：

```
series2:
C   1
D   2
E   3
F   4
G   5
A   6
B   7
dtype: int64
E is 3
```

【例 14.11】　DataFrame 举例。

通过 NumPy 接口创建一个 4×4 的 DataFrame，默认的索引和列名都是[0，N−1]形式，代码如下：

```
df1=pd.DataFrame(np.arange(16).reshape(4,4))
print("df1:\n{}\n".format(df1))
```

程序运行结果如下：

```
df1:
    0   1   2   3
0   0   1   2   3
1   4   5   6   7
2   8   9   10  11
3   12  13  14  15
```

在创建 DataFrame 时指定列名和索引，代码如下：

```
df2=pd.DataFrame(np.arange(16).reshape(4,4), columns=["column1", "column2",
"column3", "column4"], index=["a", "b", "c", "d"])
print("df2:\n{}\n".format(df2))
```

程序运行结果如下：

```
df2:
   column1  column2  column3  column4
a        0        1        2        3
b        4        5        6        7
c        8        9       10       11
d       12       13       14       15
```

直接指定列数据来创建 DataFrame，代码如下：

```
df3=pd.DataFrame({"note": ["C", "D", "E", "F", "G", "A","B"], "weekday": ["Mon",
"Tue", "Wed", "Thu", "Fri", "Sat","Sun"]})
print("df3:\n{}\n".format(df3))
```

程序运行结果如下：

```
df3:
  note weekday
0    C     Mon
1    D     Tue
2    E     Wed
3    F     Thu
4    G     Fri
5    A     Sat
6    B     Sun
```

以 Series 数组来创建 DataFrame，每个 Series 将成为一行而不是一列，代码如下：

```
noteSeries=pd.Series(["C", "D", "E", "F", "G", A", "B"], index=[1, 2, 3, 4, 5, 6, 7])
weekdaySeries=pd.Series(["Mon", "Tue", "Wed", "Thu","Fri", "Sat", "Sun"],
index=[1, 2, 3, 4, 5, 6, 7])
df4=pd.DataFrame([noteSeries, weekdaySeries])
print("df4:\n{}\n".format(df4))
```

程序运行结果如下：

```
df4:
     1    2    3    4    5    6    7
0    C    D    E    F    G    A    B
1  Mon  Tue  Wed  Thu  Fri  Sat  Sun
```

在 DataFrame 中添加或者删除列数据，代码如下：

```
df3["No."]=pd.Series([1, 2, 3, 4, 5, 6, 7])
print("df3:\n{}\n".format(df3))
del df3["weekday"]
print("df3:\n{}\n".format(df3))
```

程序运行结果如下：

```
df3:
   note  weekday  No.
0    C      Mon    1
1    D      Tue    2
2    E      Wed    3
3    F      Thu    4
4    G      Fri    5
5    A      Sat    6
6    B      Sun    7

df3:
   note  No.
0    C     1
1    D     2
2    E     3
3    F     4
4    G     5
5    A     6
6    B     7
```

14.2 数据可视化

数据可视化是借助图形清晰、有效地传达与沟通信息，直观、形象地显示海量的数据和信息，并进行交互处理，在自然科学、工程技术、金融、通信和商业等领域应用十分广泛。在 Python 中，数据可视化有多种方法：制作专业的统计图表，可以使用 Seaborn、Altair；在数学、科学、工程领域，可以选择 PyQtGraph、VisPy、Mayavi2；在网络研究和分析方面，可以选择 NetworkX、Python-igraph 等；如果有 MATLAB 基础，则 Matplotlib 是较好的选择。

14.2.1 Matplotlib 简介

Matplotlib 发布于 2007 年，由于它在函数的设计上参考了 MATLAB，所以其名字以 Mat 开头，plot 表示绘图，lib 意为集合。Matplotlib 可以绘制线性图、直方图、饼状图、散点图以及条形图等各种图形，一般用于将 NumPy 统计计算结果可视化。

Matplotlib 的官方网址为 http://matplotlib.org/，如图 14.7 所示。

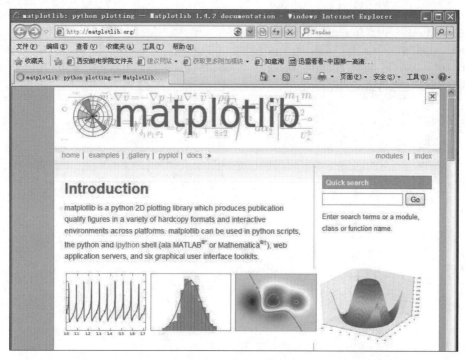

图 14.7　Matplotlib 网站

在 Anaconda Prompt 下执行 pip install matplotlib 命令安装 Matplotlib，如图 14.8 所示。

```
(base) C:\Users\Administrator>pip install matplotlib
Requirement already satisfied: matplotlib in c:\programdata\anaconda3\lib\site-p
ackages
Requirement already satisfied: numpy>=1.7.1 in c:\programdata\anaconda3\lib\site
-packages (from matplotlib)
Requirement already satisfied: six>=1.10 in c:\programdata\anaconda3\lib\site-pa
ckages (from matplotlib)
Requirement already satisfied: python-dateutil>=2.1 in c:\programdata\anaconda3\
lib\site-packages (from matplotlib)
Requirement already satisfied: pytz in c:\programdata\anaconda3\lib\site-package
s (from matplotlib)
Requirement already satisfied: cycler>=0.10 in c:\programdata\anaconda3\lib\site
-packages (from matplotlib)
Requirement already satisfied: pyparsing!=2.0.4,!=2.1.2,!=2.1.6,>=2.0.1 in c:\pr
ogramdata\anaconda3\lib\site-packages (from matplotlib)
You are using pip version 9.0.3, however version 10.0.0 is available.
You should consider upgrading via the 'python -m pip install --upgrade pip' comm
and.
```

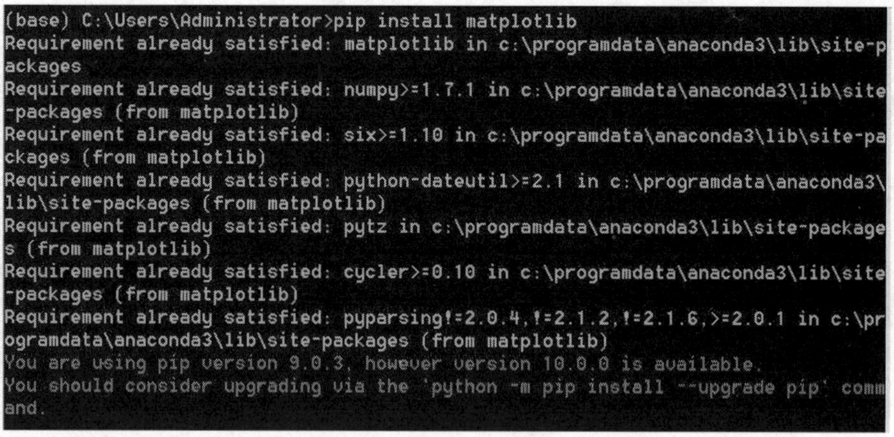

图 14.8　Matplotlib 安装

14.2.2　绘制图形

常用图形有线性图、散点图、饼状图、条形图和直方图，下面依次介绍。

1. 线性图

使用 plot()函数实现画线,plot()函数的第一个数组是 x 轴的坐标值,第二个数组是 y 轴的坐标值,最后一个参数表示线的颜色。

【例 14.12】　线性图举例。

```
import matplotlib.pyplot as plt
plt.plot([1, 2, 3], [3, 6, 9], '-r')
plt.plot([1, 2, 3], [2, 4, 9], ':g')
plt.show()
```

程序运行结果如图 14.9 所示。

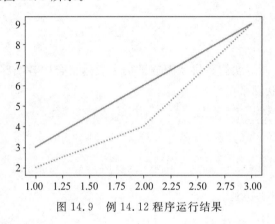

图 14.9　例 14.12 程序运行结果

2. 散点图

scatter()函数用来绘制散点图。scatter()函数也需要两组配对的数据指定 x 轴和 y 轴的坐标值。

【例 14.13】　散点图举例。

```
import matplotlib.pyplot as plt
import numpy as np

N=20
plt.scatter(np.random.rand(N) * 100, np.random.rand(N) * 100, c='r', s=100,
alpha=0.5)
plt.scatter(np.random.rand(N) * 100, np.random.rand(N) * 100, c='g', s=200,
alpha=0.5)
plt.scatter(np.random.rand(N) * 100, np.random.rand(N) * 100, c='b', s=300,
alpha=0.5)

plt.show()
```

程序运行结果如图 14.10 所示。

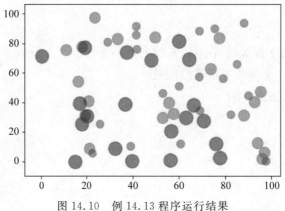

图 14.10　例 14.13 程序运行结果

3. 饼状图

pie()函数用来绘制饼状图。饼状图通常用来表达集合中各个部分的百分比。

【例 14.14】　饼状图举例。

```python
import matplotlib.pyplot as plt
import numpy as np

labels=['Mon', 'Tue', 'Wed', 'Thu', 'Fri', 'Sat', 'Sun']
data=np.random.rand(7) * 100
plt.pie(data, labels=labels, autopct='%1.1f%%')
plt.axis('equal')
plt.legend()

plt.show()
```

程序运行结果如图 14.11 所示。

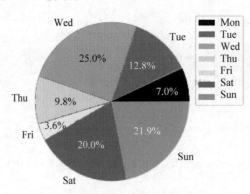

图 14.11　例 14.14 程序运行结果

4. 条形图

bar()函数用来绘制条形图。条形图常常用来描述一组数据的对比情况,例如一周内每天的城市车流量。

【例 14.15】 条形图举例。

```
import matplotlib.pyplot as plt
import numpy as np
N=7
x=np.arange(N)
data=np.random.randint(low=0, high=100, size=N)
colors=np.random.rand(N * 3).reshape(N, -1)
labels=['Mon', 'Tue', 'Wed', 'Thu', 'Fri', 'Sat', 'Sun']
plt.title("Weekday Data")
plt.bar(x, data, alpha=0.8, color=colors, tick_label=labels)
plt.show()
```

程序运行结果如图 14.12 所示。

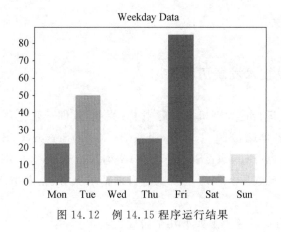

图 14.12 例 14.15 程序运行结果

5. 直方图

直方图用 hist()函数绘制。直方图看起来与条形图有些类似,但它们的含义是不一样的,直方图描述了数据在某个范围内出现的频度。

【例 14.16】 直方图举例。

```
import matplotlib.pyplot as plt
import numpy as np

data=[np.random.randint(0, n, n) for n in [3000, 4000, 5000]]
labels=['3K', '4K', '5K']
bins=[0, 100, 500, 1000, 2000, 3000, 4000, 5000]
plt.hist(data, bins=bins, label=labels)
plt.legend()
plt.show()
```

程序运行结果如图 14.13 所示。

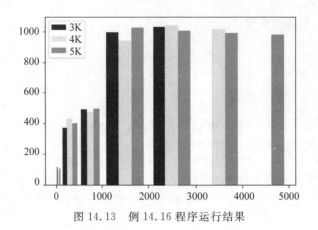

图 14.13 例 14.16 程序运行结果

14.3 Web 开发

14.3.1 Web 开发技术发展历程

最早的软件都是运行在大型机上。后来 PC 兴起，软件开始主要运行在 PC 上。再后来，数据库运行在服务器端，产生了客户/服务器（Client/Server，C/S）模式。随着互联网的兴起，浏览器/服务器（Browser/Server，B/S）架构开始流行，客户端只须浏览器，应用程序的逻辑和数据都存储在服务器端。浏览器只须请求服务器，获取 Web 页面，把结果展示给用户。

Web 开发技术的发展经历了如下几个阶段：

第一阶段：静态 Web 页面。由文本编辑器直接编辑并生成静态的 HTML 页面。如果要修改 Web 页面的内容，就需要再次编辑 HTML 源文件。

第二阶段：CGI。静态 Web 页面无法与用户交互。例如用户填写了一个注册表单，静态 Web 页面就无法处理。为此，出现了 CGI（Common Gateway Interface，公共网关接口），用于处理用户发送的动态数据。

第三阶段：ASP/JSP/PHP。ASP 是微软公司推出的用 VBScript 脚本编程的 Web 开发技术，JSP 用 Java 编写脚本，PHP 本身则是开源的脚本语言。

第四阶段：应用框架。用于快速实现 Web 动态网站、网络应用程序及网络服务的开发。其中，MVC 模式较为流行，如图 14.14 所示。

- 模型（Model）。模型封装了数据和基于这些数据的操作，是系统的业务逻辑部分。
- 视图（View）。视图提供了对模型的显示，是系统的用户界面部分。
- 控制器（Controller）。控制器相当于模型和视图的中介，控制器接受所有视图提交的请求，根据请求内容的不同而转发到不同的模型中，并将最终结果回传给视图，向用户显示。控制器是 MVC 模式中最重要的部分。

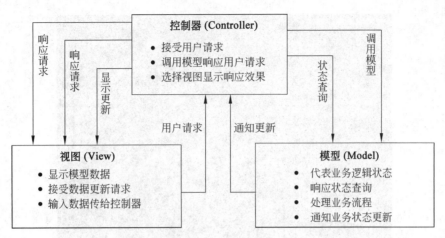

图 14.14 MVC 模式

14.3.2 Django 框架

Django 作为著名的 Python 开放源代码的 Web 应用框架,用于实现 MVC 模式,其目标是提供 Web 应用开发的一站式解决方案。

Django 官方网址是 https://www.djangoproject.com/download/。

在 Anaconda Prompt 下执行 pip install Django 命令安装 Django,如图 14.15 所示。

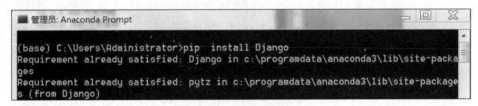

图 14.15 安装 Django

Django 安装好后,就有了管理工具 django-admin.py,如图 14.16 所示。

Django 的使用步骤如下。

步骤 1:创建 Web 服务器。

在 Anaconda Prompt 下执行 django-admin startproject HelloWorld 命令,出现 HelloWorld 目录,创建了名为 HelloWorld 的 Web 服务器。HelloWorld 目录结构如图 14.17 所示。

相关文件如下:

- manage.py 是 Django 提供的一个管理工具,用于同步数据库等。
- __init__.py 是初始化模块的必需文件。
- settings.py 用于 Django 项目的数据库配置、应用配置等。
- urls.py 是 Django 项目的 Web 工程的 URL 映射配置。
- wsgi.py 是 Django 项目与 WSGI(Web Server Gateway Interface,Web 服务器网

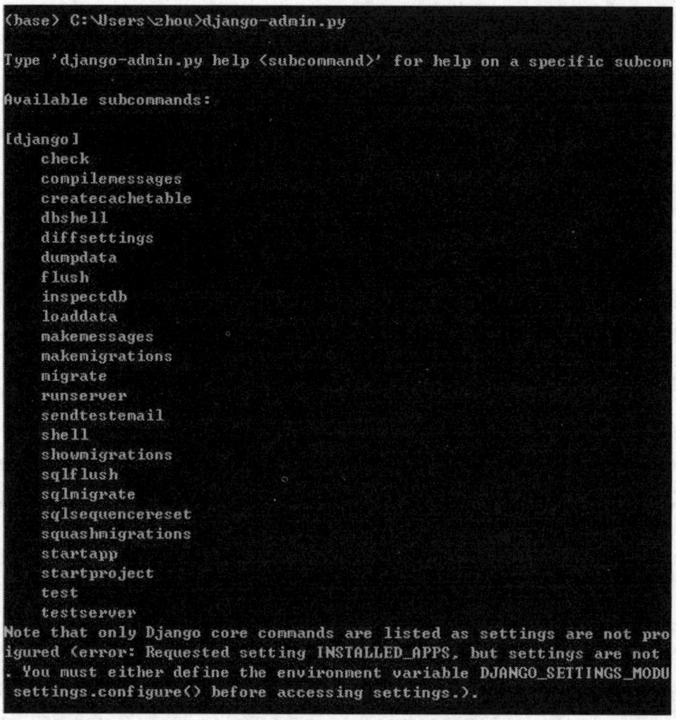

图 14.16　django-admin.py 工具

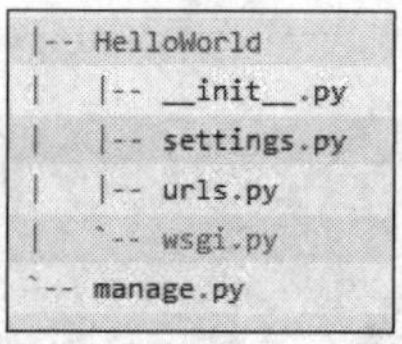

图 14.17　HelloWorld 目录结构

关接口)兼容的 Web 服务器入口。

步骤 2：启动服务器。

进入 HelloWorld 目录，输入 python manage.py runserver 127.0.0.1:8000 命令，在浏览器中输入 http://127.0.0.1:8000/，输出结果如图 14.18 所示。

步骤 3：设置视图。

在 HelloWorld 目录中新建 view.py 文件，并输入如下代码：

```python
from django.http import HttpResponse
def hello(request):
    return HttpResponse("Hello world ! ")
```

步骤 4：将 URL 与视图函数绑定。

打开 urls.py 文件，删除原来的代码，将以下代码复制到 urls.py 文件中：

```python
from django.conf.urls import url
```

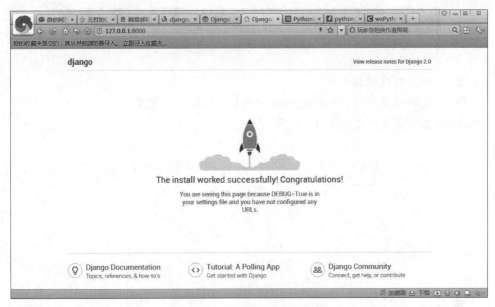

图 14.18　运行 HelloWorld 项目

```
from . import view
urlpatterns=[url(r'^hello$', view.hello),]
```

至此就启动了 Django 开发服务器并打开了浏览器，如图 14.19 所示。

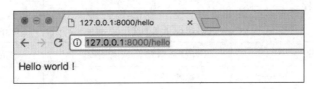

图 14.19　启动 Django 开发服务器并打开浏览器

14.4　游戏开发

14.4.1　Pygame 简介

电子游戏是指通过各种输入输出设备，按照特定流程或规则进行交互的游戏。Pygame 是 Python 专门用来开发视频游戏的模块，其开发游戏功能和理念（主要是图像方面）完全简化为游戏逻辑本身，从而使得开发游戏变得简单与快捷。

Pygame 的官方网址为 https://www.pygame.org/news。

在 Anaconda Prompt 下执行 pip install Pygame 命令安装 Pygame，如图 14.20 所示。

Pygame 游戏开发流程共由 3 个步骤组成。

步骤 1：游戏事件处理，包括控制键盘输入、移动判断边界等，通过 pygame.event.get()检测是否有事件产生。

```
Installing collected packages: Pygame
Successfully installed Pygame-1.9.3
```

图 14.20   安装 Pygame

步骤 2：更新游戏状态。

步骤 3：绘制游戏屏幕，通过 pygame.display.update()实现。

Pygame 游戏开发流程如图 14.21 所示。

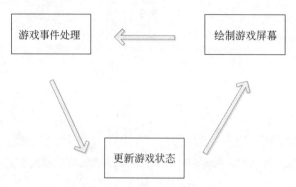

图 14.21   Pygame 游戏开发流程

Pygame 常用事件如表 14.3 所示。

表 14.3   Pygame 常用事件

事　　件	描　　述	参　　数
QUIT	用户按下关闭按钮	none
ACTIVEEVENT	Pygame 被激活或者隐藏	gain,state
KEYDOWN	键被按下	unicode,key,mod
KEYUP	键被放开	key,mod
MOUSEMOTION	鼠标移动	pos,rel,buttons
MOUSEBUTTONDOWN	鼠标键按下	pos,button
MOUSEBUTTONUP	鼠标键放开	pos,button
JOYBUTTONDOWN	游戏手柄按下	joy,button
JOYBUTTONUP	游戏手柄放开	joy,button
VIDEORESIZE	Pygame 窗口缩放	size,w,h
USEREVENT	触发了一个用户事件	code

【例 14.17】   Hello World 程序。

```
import pygame, sys                          #调用 pygame 模块和 sys 模块
from pygame.locals import QUIT
pygame.init()                               #初始化 pygame.init()
```

```
#set_mode 函数用于设置分辨率
screen=pygame.display.set_mode((400, 300))
#设置窗口标题
pygame.display.set_caption('Pygame  Hello World!')
#游戏无限循环
while True:
    for event in pygame.event.get():        #用来获取各种键盘及鼠标事件
        if event.type==QUIT:                 #接收到退出事件后退出程序
            exit()
    pygame.display.update()                  #刷新画面
```

程序运行结果如图 14.22 所示，仅仅在窗口的标题上显示了"Pygame Hello World!"，当单击窗口的关闭按钮时，程序将会退出。

图 14.22　例 14.17 程序运行结果

14.4.2　Pygame 的模块

Pygame 中有很多模块，每个模块有不同的功能，如表 14.4 所示。

表 14.4　Pygame 的模块

模 块 名	功 能
pygame.cdrom	访问光驱
pygame.cursors	加载光标
pygame.display	访问显示设备
pygame.draw	绘制形状、线和点
pygame.event	管理事件
pygame.font	使用字体
pygame.image	加载和存储图片

续表

模 块 名	功 能
pygame. key	读取键盘按键
pygame. mixer	声音
pygame. mouse	鼠标
pygame. movie	播放视频
pygame. music	播放音频
pygame. overlay	访问高级视频叠加
pygame. rect	管理矩形区域
pygame. sndarray	操作声音数据
pygame. sprite	操作移动图像
pygame. surface	管理图像和屏幕
pygame. surfarray	管理点阵图像数据
pygame. time	管理时间和帧信息
pygame. transform	缩放和移动图像

下面详细介绍鼠标、键盘和绘图模块。

1. 鼠标模块

【例 14.18】 鼠标模块举例。

```
import pygame                              #导入 pygame 库
from pygame.locals import *               #导入 pygame 库中的一些常量
from sys import exit                      #导入 sys 库中的 exit 函数

pygame.init()                             #模块初始化
screen=pygame.display.set_mode((400, 300))
pygame.display.set_caption('Pygame mouse event')
while True:
    for event in pygame.event.get():
        if event.type==pygame.QUIT:
            pygame.quit()
            exit()
        elif event.type==MOUSEBUTTONDOWN:
            pressed_array=pygame.mouse.get_pressed()
            for index in range(len(pressed_array)):
                if pressed_array[index]:
                    if index==0:
                        print('Pressed LEFT Button!')
```

```
    elif index==2:
            print('Pressed RIGHT Button!')
pygame.display.update()
```

程序运行结果如图 14.23 所示，当鼠标点击窗口时，在屏幕上打印出是鼠标的哪个键
被点击了。

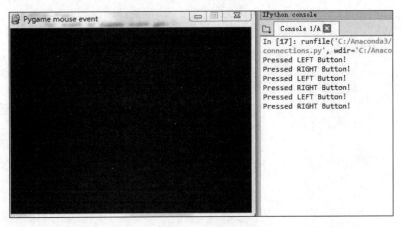

图 14.23　例 14.18 程序运行结果

2. 键盘模块

【**例 14.19**】　键盘模块举例。

```
import pygame                          #导入 pygame 库
from pygame.locals import *            #导入 pygame 库中的一些常量
from sys import exit                   #导入 sys 库中的 exit 函数

pygame.init()                          #模块初始化
screen=pygame.display.set_mode((800, 600))

BG_IMAGE='d:\\plane.jpg'               #飞机图片

bg=pygame.image.load(BG_IMAGE).convert()

x, y=0, 0
move_x, move_y=0, 0

while True:
    for event in pygame.event.get():
        #print(event.type)
        if event.type==pygame.QUIT:
            pygame.quit()
            exit()
```

```
            if event.type==KEYDOWN:
                print(event.key)
                if event.key==K_LEFT:              #左键
                    move_x=-100
                elif event.key==K_UP:              #上键
                    move_y=-100
                elif event.key==K_RIGHT:           #右键
                    move_x=100
                elif event.key==K_DOWN:            #下键
                    move_y=100
            elif event.type==KEYUP:
                move_x=0
                move_y=0

            x+=move_x
            y+=move_y

            screen.fill((0, 0, 0))
            screen.blit(bg, (x, y))
            pygame.display.update()
```

程序运行结果如图 14.24 所示,飞机图片会随着键盘上的上、下、左、右箭头键按下而移动位置。

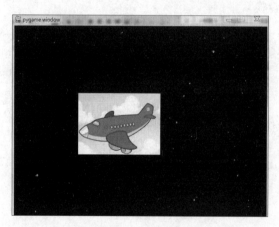

图 14.24　例 14.19 程序运行结果

3. 绘图模块

Pygame 提供了绘图功能,可以绘制多边形(polygon)、线(line)、圆(circle)、椭圆(ellipse)、长方形(rect)等。

【例 14.20】　绘图模块举例。

```
import pygame, sys
```

```
from pygame.locals import *

pygame.init()

windowSurface=pygame.display.set_mode((500, 400), 0, 32)
pygame.display.set_caption("plot")

BLACK= (0, 0, 0)
WHITE= (255, 255, 255)
RED= (255, 0, 0)
GREEN= (0, 255, 0)
BLUE= (0, 0, 255)

basicFont=pygame.font.SysFont(None, 48)
text=basicFont.render("Hello ,world", True, WHITE, BLUE)
textRect=text.get_rect()
textRect.centerx=windowSurface.get_rect().centerx
textRect.centery=windowSurface.get_rect().centery


windowSurface.fill(BLACK)
#多边形
pygame.draw.polygon(windowSurface, GREEN, ((146, 0),(291, 106), (236, 277),
(56, 277), (0, 106)))
#线
pygame.draw.line(windowSurface, BLUE, (60, 60), (120,60), 4)
pygame.draw.line(windowSurface, BLUE, (120, 60), (60,120))
pygame.draw.line(windowSurface, BLUE, (60, 120), (120,120), 4)
#圆
pygame.draw.circle(windowSurface, BLUE, (300, 50), 20, 0)
#椭圆
pygame.draw.ellipse(windowSurface, RED, (300, 250, 40,80), 1)
#长方形
pygame.draw.rect(windowSurface, RED, (textRect.left-20, textRect.top-20,
textRect.width+40, textRect.height+40))
pixArray=pygame.PixelArray(windowSurface)
pixArray[480][380]=BLACK
del pixArray

windowSurface.blit(text, textRect)

pygame.display.update()

while True:
    for event in pygame.event.get():
```

```
if event.type==QUIT:
    pygame.quit()
    sys.exit()
```

程序运行结果如图 14.25 所示。

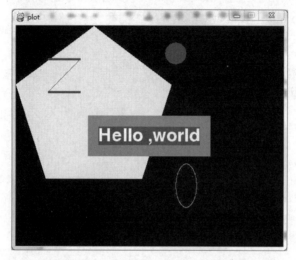

图 14.25　例 14.20 程序运行结果

14.5　习题

1. 数据分析、数据可视化分别是什么？
2. NumPy 是什么？有哪些方法？
3. SciPy 是什么？有哪些方法？
4. pandas 是什么？有哪些方法？
5. Matplotlib 是什么？有哪些方法？
6. Web 开发技术的发展经过了哪些阶段？

附录 A 全国计算机等级考试二级 Python 语言程序设计考试大纲(2018 年版)

A.1 基本要求

(1) 掌握 Python 语言的基本语法规则。

(2) 掌握不少于 2 个基本的 Python 标准库。

(3) 掌握不少于 2 个 Python 第三方库,掌握获取并安装第三方库的方法。

(4) 能够阅读和分析 Python 程序。

(5) 熟练使用 IDLE 开发环境,能够将脚本程序转变为可执行程序。

(6) 了解 Python 计算生态在以下方面(不限于)的主要第三方库名称:网络爬虫、数据分析、数据可视化、机器学习、Web 开发等。

A.2 考试内容

1. Python 语言基本语法元素

(1) 程序的基本语法元素:程序的格式框架、缩进、注释、变量、命名、保留字、数据类型、赋值语句、引用。

(2) 基本输入输出函数:input()、eval()、print()。

(3) 源程序的书写风格。

(4) Python 语言的特点。

2. 基本数据类型

(1) 数字类型:整数类型、浮点数类型和复数类型。

(2) 数字类型的运算:数值运算操作符、数值运算函数。

(3) 字符串类型及格式化:索引、切片、基本的 format()格式化方法。

(4) 字符串类型的操作:字符串操作符、处理函数和处理方法。

(5) 类型判断和类型间转换。

3. 程序的控制结构

(1) 程序的三种控制结构。

(2) 程序的分支结构:单分支结构、二分支结构、多分支结构。

(3) 程序的循环结构:遍历循环、无限循环、break 和 continue 循环控制。

(4) 程序的异常处理:try-except。

4．函数和代码复用

（1）函数的定义和使用。
（2）函数的参数传递：可选参数传递、参数名称传递、函数的返回值。
（3）变量的作用域：局部变量和全局变量。

5．组合数据类型

（1）组合数据类型的基本概念。
（2）列表类型：定义、索引、切片。
（3）列表类型的操作：列表的操作函数、列表的操作方法。
（4）字典类型：定义、索引。
（5）字典类型的操作：字典的操作函数、字典的操作方法。

6．文件和数据格式化

（1）文件的使用：文件打开、读写和关闭。
（2）数据组织的维度：一维数据和二维数据。
（3）一维数据的处理：表示、存储和处理。
（4）二维数据的处理：表示、存储和处理。
（5）采用 CSV 格式对一二维数据文件的读写。

7．Python 计算生态

（1）标准库：turtle（必选）、random 库（必选）、time 库（可选）。
（2）基本的 Python 内置函数。
（3）第三方库的获取和安装。
（4）脚本程序转变为可执行程序的第三方库：PyInstaller 库（必选）。
（5）第三方库：jieba 库（必选）、wordcloud 库（可选）。
（6）更广泛的 Python 计算生态，只要求了解第三方库的名称，不限于以下领域：网络爬虫、数据分析、文本处理、数据可视化、用户图形界面、机器学习、Web 开发、游戏开发等。

A.3　考试方式

上机考试，考试时长 120 分钟，满分 100 分。

1．题型及分值

单项选择题 40 分（含公共基础知识部分 10 分）。
操作题 60 分（包括基本编程题和综合编程题）。

2．考试环境

Windows 7 操作系统，建议 Python 3.4.2 至 Python 3.5.3 版本，IDLE 开发环境。

附录 B　上海市计算机等级考试二级 Python 大纲(2016 年版)

B.1　考试性质

上海市高等学校计算机等级考试是上海市教育委员会组织的全市高校统一的教学考试,是检测和评价高校计算机基础教学水平和教学质量的重要依据之一。该项考试旨在规范和加强上海高校的计算机基础教学工作,提高学生的计算机应用能力。考试对象主要是上海市高等学校学生,每年举行一次,通常安排在当年的十月下旬、十一月上旬的星期六或星期日。凡考试成绩达到合格者或优秀者,由上海市教育委员会颁发相应的证书。

本考试由上海市教育委员会统一领导,聘请有关专家组成考试委员会,委托上海市教育考试院组织实施。

B.2　考试目标

Python 语言是一种解释运行、面向对象、扩展性强的程序设计语言,是大学生学习计算机编程能力、理解计算机解决问题的方法的有效工具。学生通过对该语言程序设计的学习,应能掌握 Python 语言的基本语法和基本编程方法,理解程序设计中的计算思维,并能上机调试运行,解决简单的实际问题。

"Python 程序设计"的考试目标是测试考生掌握 Python 语言知识的程度和对 Python 语言的编程能力、调试能力和综合应用能力。

B.3　考试细则

1. 考试时间:120 分钟。
2. 考试方式:考试采用基于网络环境的无纸化上机考试。
3. 考试环境:

上海市高校计算机等级考试通用平台。

操作系统:Windows 7 中文版。

程序开发环境:Python 3.4 及以上(2016 年试题兼容 2.7 版本),可选装 PyScripter、Pycharm、Wingide 等 IDE 编程环境。

B.4　试卷结构

序　号	题　型	题　量	计　分	考 核 目 标
一	单选题	10 题	15 分	基本概念 基本语句 语义知识
二	程序填空题	2 题	20 分	常用表达方式 特征数据类型 函数与文件
三	程序完成题	3 题	30 分	常用算法 程序实现
四	编程题	2 题	35 分	界面设计 图形绘制 综合应用
合计		17 题	100 分	

B.5　考试内容和要求

序号	内　容	要 点 和 考 点	要求
		Python 程序的组成、结构及书写规则	
1	Python 语言源程序结构	• 模块结构与布局	理解
	程序的书写格式	• 基本词法单位、标识符、常量、运算符等构成规则、关键字 • 程序的书写格式与基本规则	理解 掌握
	Python 语言程序设计步骤	• Python 编程环境的操作使用 • 程序的编辑、保存、运行	掌握 掌握
	Python 语言输入输出	• 输入语句 • 输出语句	掌握 掌握
		Python 基本数据类型	
2	数字类型	• 整型、浮点型、复数型、字符串	掌握
	字符串	• 字符串界定符 • 字符串操作的相关方法	掌握 掌握
	变量	• 变量的定义 • 变量的初始化和赋值 • 变量类型的转换	掌握 掌握 掌握

续表

序号	内　　容	要　点　和　考　点	要求
		基本运算和表达式	
3	运算符	• 运算符种类、功能、优先级、结合性	理解
	算术运算	• 自动类型转换规则 • 常用函数	掌握 知道
	比较、赋值和逻辑运算	• 比较运算规则 • 赋值运算规则 • 逻辑运算规则 • 运算的优先级	掌握 掌握 掌握 理解
	表达式	• 表达式组成规则、各类表达式 • 各类型数据混合运算中的求值顺序 • 混合模式运算中的自动类型转换 • 基本运算执行顺序、表达式结果类型	理解 理解 掌握 理解
		结　构　和　语　句	
4	基本语句及顺序结构语句	• 赋值语句、复合赋值语句 • 输入和输出方式	掌握 掌握
	选择结构语句	• if 语句 • if-elif-else 语句 • 选择语句嵌套	掌握 掌握 掌握
	循环结构语句	• while 语句 • for 循环和 range()内置函数 • 循环语句嵌套 • 死循环与半路循环	掌握 掌握 掌握 理解
	转移语句	• break、continue、return 语句	掌握
		Python 的特征数据类型及操作	
5	列表	• 列表的概念和特点，对列表操作的相关方法	掌握
	元组	• 元组的概念和特点，对元组操作的相关方法	掌握
	字典	• 字典的概念和特点，对字典操作的相关方法	理解
	集合	• 集合的概念和特点，对集合操作的相关方法	知道
		Python 中正则表达式的使用（选考）	
6	正则表达式	• 基本语法规则	理解
	re 模块的内置方法	• 匹配、搜索、替换	掌握
		文　　件	
7	基本概念	• 文件的编码 • 文本文件和二进制文件	理解 理解
	文件操作	• 文件的打开和关闭 • 定位 • 文件的读取、写入、追加	掌握 理解 掌握

序号	内　　容	要 点 和 考 点	要求
	函 数 与 模 块		
8	函数的定义	· 函数名、形式参数、函数返回值、函数体、匿名函数	掌握
	函数的调用	· 形参、实参及其传递	掌握
	函数的递归调用	· 递归的定义和函数调用 · 递归的执行	知道 知道
	库的安装	· 模块化架构和包的管理 · pip、wheel 和 exe 安装方法	理解 知道
	面 向 对 象 设 计		
9	面向对象概念	· 类与实例、属性与方法	理解
	类与实例	· 创建类、子类 · 创建类实例	理解
	面向对象的特征	· 封装、继承、多态	知道
	SQLite 数据库操作（选考）		
10	SQLite 数据库和简单 SQL 语句	· SQLite 数据库的创建与简单查询	理解
	数据库连接对象	· 数据库的连接与关闭、创建游标	理解
	游标对象	· execute()、fetchone()、fetchmany()、fetchall()、scroll()和 close()方法	掌握
	使用 tkinter 的 GUI 设计		
11	tkinter 常见控件	· 按钮、标签、输入框、文本框、单选按钮、复选框等 · 共同属性和特有属性设置	掌握 掌握
	窗体控件布局	· 窗体设计 · 控件布局	掌握 理解
	事件响应	· 用户事件响应与自定义函数绑定	掌握
	图形绘制（可选用 tkinter Canvas 或 turtle）		
12	位置	· 绘图区域和坐标位置	掌握
	图形绘制的主要方法	· tkinter Canvas 绘图方法 · turtle 绘图方法	掌握 掌握
	图形绘制	· 绘制简单形状图形 · 绘制函数图形	掌握 掌握
	文字与颜色填充	· 打印文字标签 · 颜色填充	知道 知道

附录 C　Python 的内置数据类型

Python 的内置数据类型如表 C.1 所示。

表 C.1　Python 的内置数据类型

类　型	描　　述	例　　子	备　注
str	一个由字符组成的不可更改的序列	'Wikipedia' "Wikipedia" """Spanning multiple lines"""	在 Python 3.x 里,字符串由 Unicode 字符组成
bytes	一个由字节组成的不可更改的序列	b'Some ASCII 'b"Some ASCII"	
list	可以包含多种类型的可改变的序列	[4.0,'string',True]	
tuple	可以包含多种类型的不可改变的序列	(4.0,'string',True)	
set,frozenset	与数学中集合的概念类似。元素是无序的,每个元素唯一	{4.0,'string',True} frozenset([4.0,'string',True])	
dict	一个可改变的由键值对组成的无序序列	{'key1': 1.0,3：False}	
int	精度不限的整数	42	
float	浮点数。其精度与系统相关	3.1415927	
complex	复数	3+2.7j	
bool	逻辑值,只有两个值：真、假	True False	

附录 D Python 的内置函数

D.1 数学函数

Python 中的数学函数包含在 math 类中,引入 math 库使用如下命令:

```
import math
```

数学函数如表 D.1 所示。

表 D.1 数学函数

函　数	描　　述	举　　例	结　　果
abs(x)	返回 x 的绝对值	math.abs(−10)	10
ceil(x)	返回 x 的上入整数(即不小于 x 的最小整数)	math.ceil(4.1)	5
exp(x)	返回 e 的 x 次幂	math.exp(1)	2.718281828459045
fabs(x)	返回 x 的绝对值	math.fabs(−10)	10.0
floor(x)	返回 x 的下舍整数(即不大于 x 的最大整数)	math.floor(4.9)	4
log10(x)	返回以 10 为底的 x 的对数	math.log10(100)	2.0
max(x1, x2,⋯)	返回给定参数的最大值,参数可以是一个序列	math.max(3,5,4)	5
min(x1, x2,⋯)	返回给定参数的最小值,参数可以是一个序列	math.min([3,5,4])	3
pow(x, y)	返回 x**y 的值	math.pow(3,2)	9
round(x [,n])	返回浮点数 x 的四舍五入值,n 代表小数点后保留的位数	math.round(4.6)	5
sqrt(x)	返回 x 的平方根	math.sqrt(4)	2.0

D.2 转换函数

常用的转换函数如表 D.2 所示。

表 D.2　常用的转换函数

函　数　名	描　　　述	举　　例	结　　果
ord()	返回字符的 ASCII 码值	ord('A')	65
chr()	返回指定 ASCII 码值的字符	chr(97)	'a'
bin()	将十进制数转换成二进制数	bin(4)	0b100
oct()	将十进制数转换成八进制数	oct(8)	0o10
hex()	将十进制数转换成十六进制数	hex(100)	0x64
int()	取整	int(−2.5) int(2.5)	−2 2
float(x)	将 x 转换为浮点数	float(2)	2.0
complex(real [,imag])	创建一个复数	complex(2,3)	(2+3j)
str()	将数值转化成字符串	str(122.35)	"122.35"
eval(x)	将字符串 x 当作有效表达式求值,并返回计算结果	eval ("12")	12
tuple(s)	将序列 s 转换为元组	tuple([1,2,3])	(1,2,3)
list(s)	将序列 s 转换为列表	list((1,2,3))	[1,2,3]
set(s)	将序列 s 转换为集合	set([1,4,2,4,3,5]) set({1:'a',2:'b',3:'c'})	{1,2,3,4,5} {1,2,3}
dict(d)	创建字典	dict ([('a', 1), ('b', 2), ('c', 3)])	{'a':1, 'b':2, 'c':3}

D.3　随机数函数

Python 中用于生成伪随机数的函数库是 random。使用如下命令引入 random 库:

```
import random
```

random 库包含基本随机数函数和扩展随机数函数,基本随机数函数如表 D.3 所示,扩展随机数函数如表 D.4 所示。

表 D.3　基本随机数函数

函　数	描　　述	举　　例	结　　果
random()	生成一个[0.0,1.0)内的随机小数	random. random()	0.5714025946899135

表 D.4　扩展随机数函数

函　　数	描　　述	举　　例	结　　果
randint(a,b)	生成一个[a,b]内的整数	random.randint(10,100)	64
randrange(m,n[,k])	生成一个[m,n)内以 k 为步长的随机整数	random.randrange(10,100,10)	80
getrandbits(k)	生成一个 k 比特(二进制位)长的随机整数	random.getrandbits(16)	37885
uniform(a,b)	生成一个[a,b]内的随机小数	random.uniform(10,100)	11.3349201422
choice(seq)	从序列 seq 中随机选择一个元素	random.choice([1,2,3,4,5,6,7,8,9])	8
shuffle(seq)	将序列 seq 中的元素随机排列,返回打乱后的序列	s=[1,2,3,4,5,6,7,8,9] random.shuffle(s) s	[9,4,6,3,5,2,8,7,1]

D.4　时间函数

time 库是 Python 中处理时间的函数库。引入 time 库的命令如下:

```
import time
```

time 库包含时间获取、时间格式化和程序计时应用 3 类函数。

1. 时间获取函数

时间获取函数如表 D.5 所示。

表 D.5　时间获取函数

函　数	描　　述	举　例	结　　果
time()	获取当前时间,返回浮点数	time.time()	1516939876.6022282
ctime()	获取当前时间并以易读方式表示,返回字符串	time.ctime()	'Fri Jan 26 12:11:16 2018'
gmtime()	获取当前时间,表示为计算机可处理的时间格式	time.gmtime()	time.struct_time(tm_year=2018, tm_mon=1, tm_mday=26, tm_hour=4, tm_min=11, tm_sec=16, tm_wday=4, tm_yday=26, tm_isdst=0)

2. 时间格式化函数

函数 strftime(tpl, ts)用于时间的格式化。参数如下:

- tpl 是格式化模板字符串,用来定义输出效果。
- ts 是计算机内部时间类型变量。

例如:

```
>>>t=time.gmtime()
>>>time.strftime("%Y-%m-%d %H:%M:%S",t)
'2018-01-26 12:55:20'
```

函数 strftime(tpl,ts)的格式化字符串的含义如表 D.6 所示。

表 D.6 时间格式化函数的格式化字符串的含义

格式化字符串	描 述	值 范 围	举 例
%Y	年	0000～9999	1900
%m	月	01～12	10
%B	月的名称	January～December	April
%b	月的名称缩写	Jan～Dec	Apr
%d	日	01～31	25
%A	星期	Monday～Sunday	Wednesday
%a	星期缩写	Mon～Sun	Wed
%H	小时(24h 制)	00～23	12
%h	小时(12h 制)	01～12	7
%p	上午/下午	AM,PM	PM
%M	分	00～59	26
%S	秒	00～59	26

3. 程序计时应用函数

程序计时应用函数如表 D.7 所示。

表 D.7 程序计时应用函数

函 数	描 述	举 例	结 果
perf_counter()	返回一个 CPU 级别的精确时间计数值,单位为秒。由于这个计数值起点不确定,连续调用并取差值才有意义	start＝time.perf_counter() end＝time.perf_counter() end-start	318.66599499718114 341.3905185375658 22.724523540384666
sleep(s)	s 为休眠的时间,单位是秒,可以是浮点数	def wait(): time.sleep(3.3) wait()	程序将等待 3.3s 后再退出

D.5　列表函数

列表函数如表 D.8 所示。

表 D.8　列表函数

函　　数	描　　述
alist. append(obj)	在列表末尾增加元素 obj
alist. count(obj)	统计元素 obj 的出现次数
alist. extend(sequence)	用 sequence 扩展列表
alist. index(obj)	返回列表中元素 obj 的索引
alist. insert(index,obj)	在下标 index 指定的位置之前添加元素 obj
alist. pop(index)	删除指定下标的元素
alist. remove(obj)	删除指定元素
alist. reverse(tuple)	将列表元素逆序存放
alist. sort(tuple)	对列表元素排序

D.6　元组函数

元组函数如表 D.9 所示。

表 D.9　元组函数

函　　数	描　　述	函　　数	描　　述
len(tuple)	求元组所包含的元素个数	max(tuple)	求元组中的最大值
min(tuple)	求元组中的最小值	sum(tuple)	求元组中切片元素的和

D.7　字符串函数

字符串函数如表 D.10 所示。

表 D.10　字符串函数

函　　数	描　　述
s. index(sub,[start, end])	返回子串 sub 在 s 里第一次出现的位置
s. find(sub,[start,end])	与 index 函数一样,但如果找不到会返回 −1
s. replace(old, new [,count])	将 s 里所有 old 子串替换为 new 子串,count 指定替换多少个子串
s. count(sub[,start,end])	统计 s 里有多少个 sub 子串
s. split()	用分隔符将字符串分开,默认分隔符是空格

函 数	描 述
s. join()	该函数是 split() 函数的逆函数,用来把字符串连接起来
s. lower()	将字符串中的大写字母变成小写字母
s. upper()	将字符串中的小写字母变成大写字母
sep. join(sequence)	把 sequence 的元素用连接符 sep 连接起来
isalnum()	如果字符串至少有一个字符并且所有字符都是字母或数字则返回 True,否则返回 False
isalpha()	如果字符串至少有一个字符并且所有字符都是字母则返回 True,否则返回 False
isdecimal()	如果字符串只包含十进制数字则返回 True,否则返回 False
isdigit()	如果字符串只包含数字则返回 True,否则返回 False
islower()	如果字符串中至少包含一个字母并且这些字母都是小写则返回 True,否则返回 False
isnumeric()	如果字符串中只包含数字字符则返回 True,否则返回 False
isspace()	如果字符串中只包含空格则返回 True,否则返回 False
istitle()	如果字符串是标题化的(所有单词都是首字母大写,其余字母小写)则返回 True,否则返回 False
isupper()	如果字符串中至少包含一个字母并且这些字母都是大写则返回 True,否则返回 False
ljust(width)	返回一个左对齐的字符串,并使用空格填充至长度为 width 的新字符串
lstrip()	去掉字符串开头的所有空格
partition(sub)	找到子字符串 sub,把字符串分成一个 3 元组(pre_sub,sub,fol_sub),如果字符串中不包含 sub 则返回('原字符串', '', '')
split(sep＝None,maxsplit＝－1)	不带 sep 参数时,默认以空格为分隔符对字符串进行切片;如果设置了 maxsplit 参数,则仅分隔 maxsplit 个子字符串。返回切片后的子字符串拼接的列表
splitlines(([keepends]))	指定在输出结果里是否去掉换行符。默认为 False,不包含换行符;如果为 True,则保留换行符
startswith(prefix[,start[,end]])	检查字符串是否以 prefix 开头,是则返回 True,否则返回 False。start 和 end 参数可以指定检查范围,是可选的
strip([chars])	删除字符串开头和结尾的所有空格,chars 参数可以指定要删除的字符,是可选的
swapcase()	反转字符串中的大小写
title()	返回标题化的字符串

D.8　字典函数

字典函数如表 D.11 所示。

表 D.11　字典函数

函　　数	描　　述	函　　数	描　　述
aDic.clear()	删除字典中的所有元素	aDic.items()	返回字典的键、值对应表
aDic.copy()	返回字典的副本	aDic.keys()	返回字典键的列表
aDic.get(key)	返回字典的键	aDic.pop(key)	删除并返回给定的键
aDic.has_key(key)	检查字典是否有给定的键	aDic.values()	返回字典值的列表

D.9　集合函数

集合函数如表 D.12 所示。

表 D.12　集合函数

函　　数	描　　述
s.add(x)	将元素 x 添加到集合 s 中
s.remove(x)	从集合 s 中删除元素 x
s.clear()	移除集合 s 中的所有元素
s.copy()	将 s 里所有 old 子串替换为 new 子串,count 指定替换多少个子串
s.count(sub[,start,end])	统计 s 里有多少个 sub 子串
s.split()	使用分隔符划分字符串。默认分隔符是空格。如果没有分隔符,就把整个字符串作为列表的一个元素
s.join()	该方法是 split()方法的逆方法,用来把字符串连接起来
s.lower()	将字符串中的大写字母变成小写字母
s.upper()	将字符串中的小写字母变成大写字母

附录 E Python 内置的集成开发工具 IDLE

E.1 IDLE 简介

IDLE 是 Python 内置的集成开发工具，包括能够利用颜色突出显示语法的编辑器、调试工具、Python Shell 以及完整的 Python 在线文档集。IDLE 适合入门学习，初学者可以在交互环境中输入语句进行练习，查看执行结果，也可以调试和执行一些简单的小程序。

本书使用 Python 3.6。首先要下载 Python 3.6 并进行安装。安装完成后，选择"开始"→"程序"→Python 3.6→IDLE (Python 3.6 64-bit)启动 IDLE，如图 E.1 所示。

图 E.1 从"开始"菜单启动 IDLE

E.2 IDLE 的两种运行方式

E.2.1 命令行运行方式

IDLE 有命令行和图形用户界面两种运行方式。选择"开始"→"所有程序"→

Python3.6→IDLE (Python 3.6 64-bit)启动 IDLE,直接进入命令行,在此交互式执行 Python 语句。在命令行中运行 IDLE 方便快捷,但必须逐条输入命令,不能重复执行,适合测试少量的 Python 代码,不适合复杂程序的测试。IDLE 的命令行运行方式如图 E.2 所示。

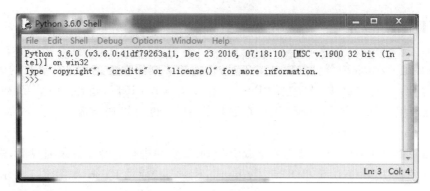

图 E.2 IDLE 的命令行运行方式

E.2.2 图形用户界面运行方式

IDLE 的图形用户界面运行方式如图 E.3 所示。

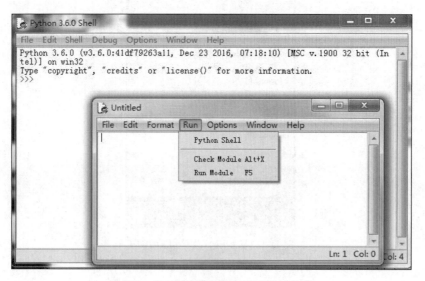

图 E.3 IDLE 的图形用户界面运行方式

E.3 IDLE 的调试方法

下面通过例子学习 Python 的 IDLE 的调试方法。

【例 E.1】　鸡兔同笼问题。鸡和兔共有 30 只，它们的脚共有 90 只。鸡、兔各有多少只?

程序代码如下:

```
for x in range(0,31):
    for y in range(0,31):
        if(x+ y==30 and 2*x+4*y==90):
            print("There are ",x,"chickens.")
            print("There are ",x,"rabbits.")
```

(1) 设置断点。右击要调试的代码行，在快捷菜单中选择 Set Breakpoint 命令，如图 E.4 所示，之后该代码行底色就变黄了。

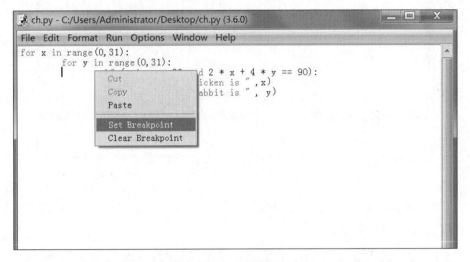

图 E.4　设置断点

(2) 打开 Debugger。选择 Debug→Debugger 命令，如图 E.5 所示，出现调试器界面，如图 E.6 所示。

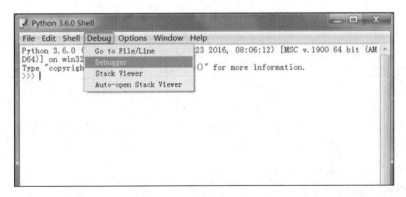

图 E.5　打开 Debugger

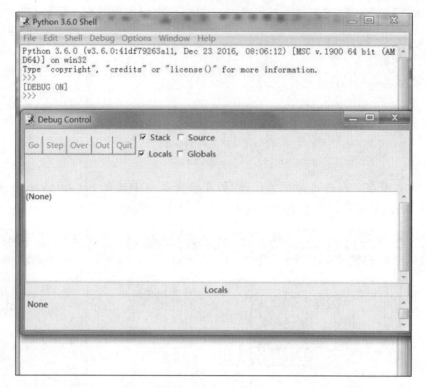

图 E.6　调试器界面

（3）在代码编辑窗口选择 Run→Run Module 命令，也可按 F5 键，如图 E.7 所示，开始运行模块，如图 E.8 所示。

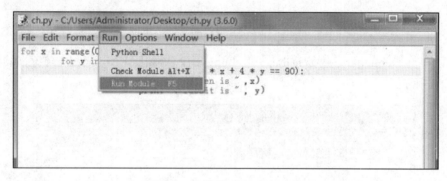

图 E.7　选择 Run Module 命令

（4）进行调试。在图 E.8 所示的界面中调试程序。具体的调试命令如下：

- Go：表示运行完整个程序。
- Step：表示一步一步运行。
- Over：表示跳过函数方法。
- Out：表示跳出本函数。
- Quit：表示退出调试。

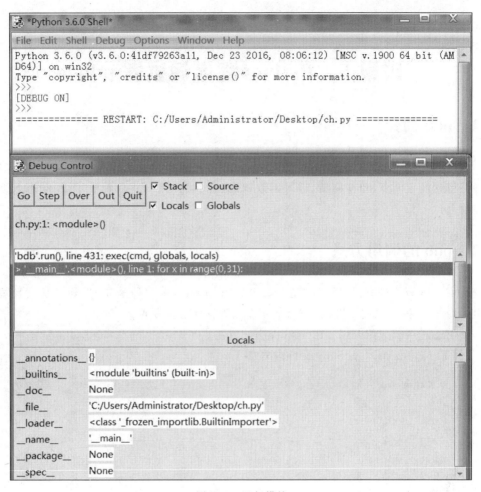

图 E.8　运行模块

附录 F　Python 程序调试器 pdb

F.1　pdb 简介

pdb 是 Python 自带的一个包,为 Python 程序提供了交互的源代码调试功能。其主要特性包括设置断点、单步调试、进入函数调试、查看当前代码、查看栈片段、动态改变变量的值等。

F.2　pdb 的调用方式

调用 pdb 有 3 种方式,第一种是在命令行调用 pdb,第二种是在 Python 交互环境中调用 pdb,第三种是调用 pdb 的 set_trace 方法为程序设置断点。

下面通过例子介绍调用 pdb 调试程序的方法。

【例 F.1】　d:\test_pdb.py 文件内容如下:

```
def sum_nums(n):
    s=0
    for i in range(n):
        s+=i
        print(s)
if __name__=='__main__':
    sum_nums(5)
```

F.2.1　在命令行调用 pdb

在命令行调用 pdb 启动目标程序时加上-m 参数,这样,在 pdb 调试 test_pdb.py 时,断点就位于程序的第一行之前。在命令行输入如下命令调用 pdb 启动目标程序:

```
python -m pdbd:\test_pdb.py
```

调试过程如图 F.1 所示。

F.2.2　在 Python 交互环境中调用 pdb

在 Python 交互环境中输入以下命令调用 pdb 调试程序:

```
>>>import pdb
>>>import test_pdb.py
>>>pdb.run('test_pdb.py')
```

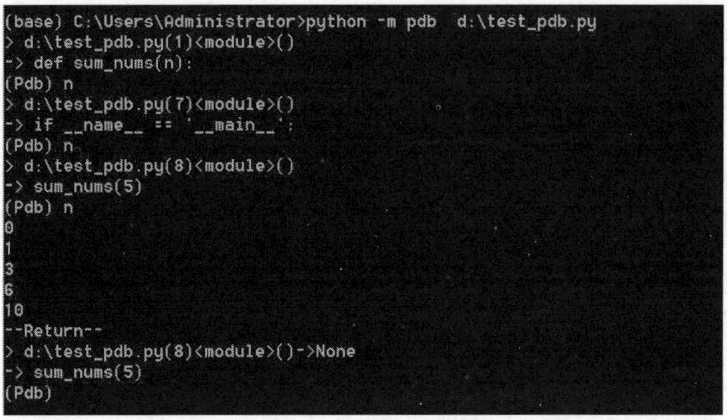

图 F.1　在命令行调用 pdb 调试程序的过程

F.2.3　pdb 模块的 set_trace 方法

pdb 模块的 set_trace 方法用于设置断点。当程序运行至断点时,将会暂停执行并打开 pdb 调试器。在 d:\test_pdb.py 文件中增加 pdb 模块的 set_trace 方法设置断点时,要在目标程序的相应位置添加 pdf.set_trace()语句,具体示例如下:

```
importpdb
defsum_nums(n):
    s=0
    for i in range(n):
        pdb.set_trace()          # 调用 pdb 模块的 set_trace 方法设置一个断点
        s+=i
        print(s)
if __name__ =='__main__':
sum_nums(5)
```

在 Anaconda Prompt 下输入如下命令:

```
pythond:\test_pdb.py
```

调试过程如图 F.2 所示。

图 F.2　调用 pdb 的 set_trace 方法调试程序的过程

F.3　调试命令

pdb 提供了一些常用的调试命令,如表 F.1 所示。

表 F.1　pdb 常用调试命令

命　　令	说　　明
break 或 b	设置断点
continue 或 c	继续执行程序
list 或 l	查看当前行的代码段
step 或 s	进入函数
return 或 r	执行代码,直到从当前函数返回
exit 或 q	中止并退出
next 或 n	执行下一行
pp	打印变量的值
help	帮助

附录 G　PyCharm 编辑器

G.1　PyCharm 简介

PyCharm 是由 JetBrains 打造的一款 Python IDE,带有一整套可以帮助用户在使用 Python 语言开发程序时提高效率的工具,如调试、语法高亮、项目管理、代码跳转、智能提示、自动完成、单元测试、版本控制等。

G.2　PyCharm 调试步骤

PyCharm 调试程序的详细步骤如下。

(1) 设置断点。一个断点标记了一个行的位置。当程序运行到该代码行的时候, PyCharm 会将程序暂时挂起,从而可以让用户对程序的运行状态进行分析。设置断点的方法非常简单,单击代码左侧的空白灰色槽,如图 G.1 所示,断点会将对应的代码行标记为红色。

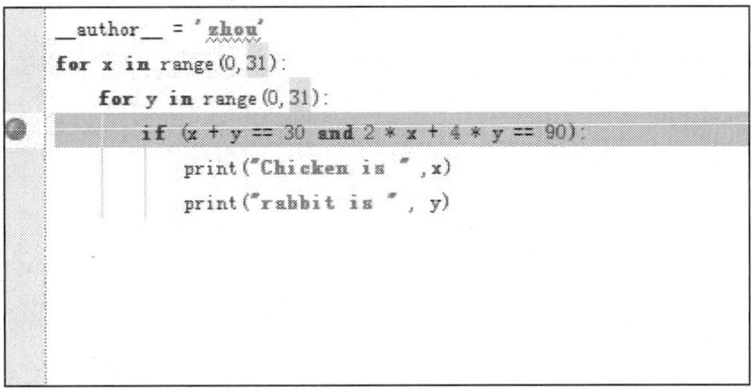

```
__author__ = 'zhou'
for x in range(0, 31):
    for y in range(0, 31):
        if (x + y == 30 and 2 * x + 4 * y == 90):
            print("Chicken is ", x)
            print("rabbit is ", y)
```

图 G.1　在 PyCharm 调试环境中设置断点

(2) PyCharm 开始运行,并在断点处暂停,断点所在代码行出现蓝色底纹,如图 G.2 所示。这意味着 PyCharm 程序已经执行到断点处,但尚未执行断点所标记的代码。

(3) Debugger 窗口分为 3 个可见区域:Frames、Variables 和 Watches,它们列出了当前的框架、程序中的变量和变量当前的状态等。在 Watches 区域中单击＋添加程序中的变量,本例为 x 和 y,如图 G.3 所示。

(4) 在菜单栏中选择 Run,打开 Run 菜单,如图 G.4 所示。选择 Step Over 命令,或者按 F8 键,观察 Watches 窗口内 x、y 的值的变化。

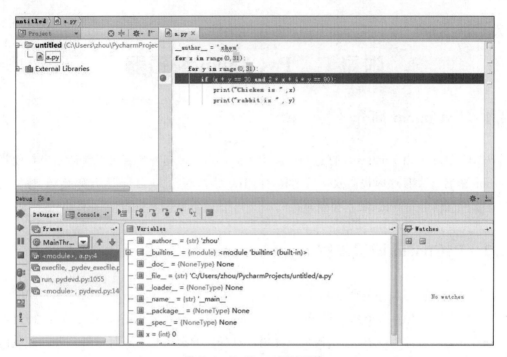

图 G.2　PyCharm 调试环境

图 G.3　在 Watches 区域中添加变量 x 和 y

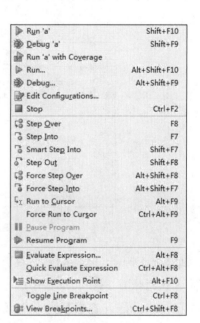

图 G.4　Run 菜单

参 考 文 献

[1] 周元哲. Python 程序设计基础[M]. 北京：清华大学出版社，2015.

[2] 周元哲. Python 程序设计习题解析[M]. 北京：清华大学出版社，2017.

[3] 周元哲，刘伟，邓万宇. 程序基本算法教程[M]. 北京：清华大学出版社，2016.

[4] 李文新，郭炜，余华山. 程序设计导引及在线实践[M]. 北京：清华大学出版社，2007.

[5] 巴里. Head First Python(中文版)[M]. 乔莹，林琪，译. 北京：中国电力出版社，2012.

[6] 裘宗燕. 从问题到程序：程序设计与 C 语言引论[M]. 北京：机械工业出版社，2011.

[7] 沙行勉. 计算机科学导论——以 Python 为舟[M]. 北京：清华大学出版社，2014.

[8] 崔庆才. Python 3 网络爬虫开发实例[M]. 北京：人民邮电出版社，2014.

[9] 张若愚. Python 科学计算[M]. 北京：清华大学出版社，2012.

[10] Mitchell R. Python 网络数据采集[M]. 陶俊杰，陈小莉，译. 北京：中国电力出版社，2012.

[11] 黄红梅，张良均. Python 数据分析与应用[M]. 北京：人民邮电出版社，2017.

[12] 教育部考试中心. 全国计算机等级考试二级教程——Python 语言程序设计(2018 年版)[M]. 北京：高等教育出版社，2018.

[13] 嵩天，黄天羽，礼欣. 程序设计基础(Python 语言)[M]. 北京：高等教育出版社，2014.

[14] Python 中文社区[EB/OL]. http://python.cn/.

[15] Python 官方网站[EB/OL]. http://www.python.org/.

[16] Django 官方网站[EB/OL]. https://www.djangoproject.com/.

[17] 简明 Python 教程[EB/OL]. http://woodpecker.org.cn/abyteofpython_cn/chinese/.

[18] 廖雪峰. Python 3 教程[EB/OL]. https://www.liaoxuefeng.com.

[19] Python 3 菜鸟教程[EB/OL]. http://www.runoob.com/python3/python3-tutorial.html.

[20] Python 3 网络爬虫开发实战教程[EB/OL]. https://cuiqingcai.com/5052.html.

[21] Tkinter 介绍[EB/OL]. http://en.wikipedia.org/wiki/Tkinter.

[22] Learn Python the Hard Way [EB/OL]. https://learnpythonthehardway.org/book/.

图 书 资 源 支 持

感谢您一直以来对清华版图书的支持和爱护。为了配合本书的使用,本书提供配套的资源,有需求的读者请扫描下方的"书圈"微信公众号二维码,在图书专区下载,也可以拨打电话或发送电子邮件咨询。

如果您在使用本书的过程中遇到了什么问题,或者有相关图书出版计划,也请您发邮件告诉我们,以便我们更好地为您服务。

我们的联系方式:

地　　址:北京市海淀区双清路学研大厦 A 座 701

邮　　编:100084

电　　话:010－62770175－4608

资源下载:http://www.tup.com.cn

客服邮箱:itbook8@163.com

QQ:2301891038(请写明您的单位和姓名)

用微信扫一扫右边的二维码,即可关注清华大学出版社公众号"书圈"。

资源下载、样书申请

书圈

扫一扫,获取最新目录